AF783517

FORSCHUNGSBERICHTE
DES WIRTSCHAFTS- UND VERKEHRSMINISTERIUMS
NORDRHEIN-WESTFALEN

Herausgegeben von Staatssekretär Prof. Leo Brandt

Nr. 177

Dipl.-Ing. H. Stüdemann
Dr.-Ing. W. Müchler

Fachverband Schneidwarenindustrie, Solingen

Entwicklung eines Verfahrens zur zahlenmäßigen Bestimmung der Schneideigenschaften von Messerklingen

Als Manuskript gedruckt

WESTDEUTSCHER VERLAG / KÖLN UND OPLADEN

1956

ISBN 978-3-663-03615-9 ISBN 978-3-663-04804-6 (eBook)
DOI 10.1007/978-3-663-04804-6

Gliederung

I. Einleitung

Die Solinger Klingenindustrie ist ein jahrhundertealter bodenständiger Wirtschaftszweig (1, 2). Ihre führende Stellung in der Welt war lange Zeit unbestritten. Durch die starke industrielle Entwicklung anderer Länder und nicht zuletzt infolge der durch die politische Entwicklung der letzten 15 Jahre verursachten wirtschaftlichen Abschnürung vom Weltmarkt hat sich diese günstige Situation geändert. Um die bestehenden Handelsbeziehungen zu erhalten und die verlorenen wieder zu gewinnen, steht die deutsche Schneidwarenindustrie vor der Notwendigkeit, besondere Anstrengungen auf Spitzenleistungen und Qualität ihrer Erzeugnisse zu verwenden. Nur dadurch wird es der Klingenindustrie möglich sein, ihren auf jahrhundertealter Erfahrung beruhenden Weltruf zu behaupten.

Die Entwicklung der letzten Jahrzehnte auf metallurgischem Gebiet hat starke Impulse auf den Werkzeugbau ausgeübt. Auch die "Schneidwaren"-Industrie ist bemüht, mit dieser Entwicklung Schritt zu halten. Wieweit ihr dies gelungen ist, kann ohne verfahrensmäßige Prüfung ihrer Erzeugnisse nicht gesagt werden. Die Aufgabe, ein Verfahren zu suchen, nach dem die Schneideigenschaften von Messerklingen bestimmt werden können, stellte sich daher ganz zwangsläufig von selbst. [1)]

Zur Erläuterung dieser Aufgabe muß zunächst gesagt werden, welche Eigenschaften einer Klinge überhaupt eine Prüfung verlangen. Von unmittelbarem Interesse sind:

Schneidfähigkeit, Standfähigkeit (oft Schneidhaltigkeit genannt), Korrosionsbeständigkeit und elastische Biegefähigkeit.

Erst von mittelbarem Interesse sind:

Chemische Analyse, Härte, Festigkeit, Dehnung und Oberflächenbeschaffenheit.

Von mittelbarem Interesse deshalb, weil diese Faktoren in ihrer Auswirkung die erstgenannten Eigenschaften bestimmen.

Die gestellte Aufgabe lautete daher folgendermaßen:

---

1. Der vorliegende Bericht ist ein Auszug aus einer von der TH Braunschweig (Institut für Werkzeugmaschinen und Fertigungstechnik, von Prof. Dr.-Ing. G. PAHLITZSCH) genehmigten Doktordissertation des Verfassers (28)

1. Es ist ein Verfahren zu entwickeln, mit dem die Schneideigenschaften von Messerklingen in einer Kurzzeit-Prüfung bestimmt werden können!
2. Mit den verfahrensmäßig erhaltenen Meßwerten soll versucht werden, einen Vorschlag zur Einführung von Kennwerten der Schneideigenschaften auszuarbeiten!

II. Die Klinge. Eigenschaften und ihre Prüfung

1. Technische Begriffe an Klingen

Eine Klinge ist ein keilförmiges, in zwei Schnittebenen im Idealfall von Parabeln und in der dritten Ebene von geraden oder beliebig gekrümmten Linien begrenztes Schneidwerkzeug aus vergütetem Stahl. Sie hat die Aufgabe, Werkstoffe geringerer Härte zu trennen.

Unter Schneiden versteht man einen Arbeitsvorgang, der auf das Zerteilen von Werkstoffen mittels einer oder mehrerer Schneiden abzielt. Durch die Einschränkung "mittels Schneide" unterscheidet er sich eindeutig von allen anderen Trennarten wie Zerreißen, Brechen, Autogenschneiden, Mahlen usw. Im Besonderen wird in dieser Arbeit das Schneiden mit Messerklingen behandelt, also von Schneidwerkzeugen mit einer gleichschenkligen Schneide.

Die an Klingen auftretenden und zur Verständigung erforderlichen technischen Begriffe sind im fachlichen Sprachgebrauch nicht einheitlich. Sie sollen hier, wie in Abbildung 1 aufgezeigt, festgelegt und der allgemeinen sprachlichen Bedienung empfohlen werden.

Die Idealform einer Klinge aufgrund ihrer Biegebeanspruchung wurde bereits 19o1 von HENDRICHS (9) als Berechnungsfall "Träger gleicher Festigkeit" aus der Mechanik erkannt. Danach sind die theoretischen Begrenzungslinien des Klingenquerschnitts in zwei Ebenen durch quadratische Parabeln und die des Rückens als gerade Linie charakterisiert.

Die wirkliche Begrenzungsform richtet sich nach Verwendungszweck, ästhetischen und Fabrikationsgesichtspunkten. So wird man kaum eine symmetrische Gestaltung der Klingenflanken antreffen. Zwar werden beim maschinellen Schleifen beide Flanken (Seiten) ballig "gewalkt", jedoch hält man in der Regel die Zeichenseite flacher ("derber"), damit das Zeichen gleichmäßiger hervortritt.

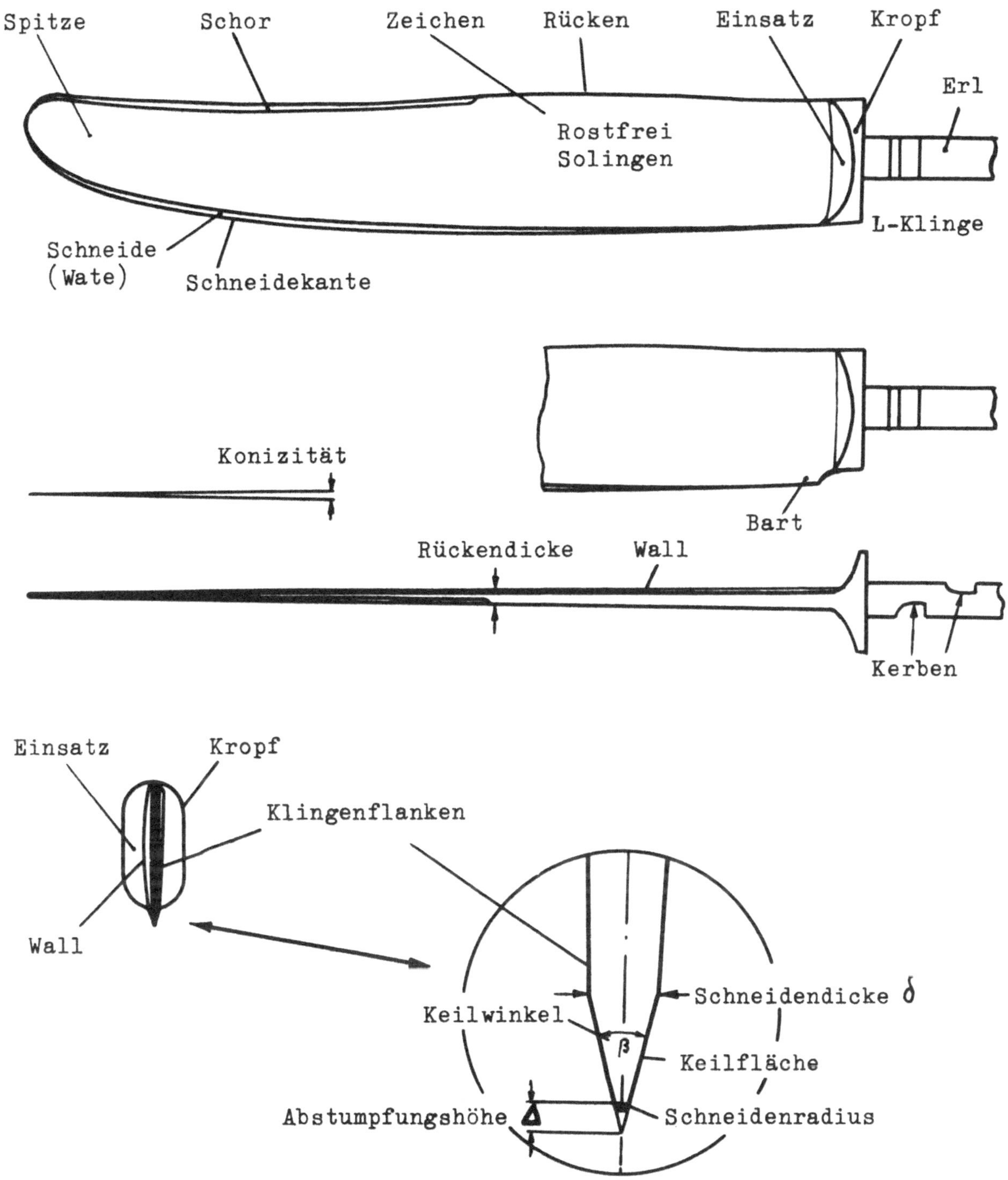

Wate in 2o-facher Vergrößerung

A b b i l d u n g 1

Gestaltsmerkmale und Benennungen

Durch das stärkere Walken auf der dem Zeichen abgekehrten Seite entsteht dort ein "Wall", der die Stabilität des Blatts erhöht und die Schwerlinie vom "Rücken" weg zur Mitte verschiebt. Die Bedeutung der "Schor", des schrägen, einseitigen Fasenanschliffs am Messerrücken, ist auch in ältesten

Solinger Fachkreisen nicht zu klären. Es wird die Ansicht vertreten, daß die Schor ein Überbleibsel aus der Zeit ist, als beim Schwert und auch bei bestimmten Messern der Rücken ebenfalls einen groben Schneidenabzug erhielt. Heute wird die Schor nur noch angeschliffen, um dem Käufergeschmack entgegenzukommen.

Zur Befestigung der Klinge im "Heft" läuft das Griffende in den "Erl" aus, der zur besseren Haftung des Bindemittels (Harz bei nichtmetallischen Heften, Blei-Zinn bei metallischen Heften) mit "Kerben" versehen ist. Zum Schutz gegen das Eindringen von Schmutz und Wasser ist am Übergang ein "Kropf" ausgebildet, der sich aus Herstellungs- und Kostengründen nur bei gesenkgeschlagenen und gewalzten, nicht aber bei den aus konischem Bandstahl geschnittenen Klingen findet.

Bei der L-Klinge läuft die Wate direkt in den "Einsatz" am Kropf aus (Abb. 1), während H-Klingen am Einsatz einen "Bart" aufweisen.

Um einem Messer die erforderliche Schärfe zu geben, erhält es einen "Schneidenabzug", d.h. an der zum Schneiden vorgesehenen Klingenkante wird ein Schneidkeil mit dem "Keilwinkel β" angeschliffen, dessen Größe zusammen mit der "Schartigkeit" der Schneidenkante (s. Abschn. V) ausschlaggebend für Schneidfähigkeit und Standfähigkeit der Klinge sind.

Der Schneidkeil, der begrenzt wird durch die beiden "Keilflächen", die "Schneidenkante" und eine gedachte Fläche von der Breite δ, - dieser gesamte dreikantige Körper von der Länge der Schneidenkante, führt die Bezeichnung "Schneide" oder "Wate".

δ ist gleichbedeutend mit der "Schneidendicke". Schneidendicke und Rückendicke werden als Mittelwerte zwischen Kropf und Spitze in Höhe des Schorendes (etwa halbe Messerlänge) gemessen.

Die Eigenschaften, die an einer Messerklinge von Interesse sind, sind Schneidfähigkeit, Standfähigkeit, Korrosionsbeständigkeit und elastisches Biegeverhalten.

Die "Schneidfähigkeit" ist ein Momentanwert und sagt etwas aus über die Fähigkeit der Klinge, bei einem beliebigen Stumpfungsgrad einen Werkstoff zu zerteilen. Von besonderem Interesse ist die Anfangsschneidfähigkeit. Hierunter soll die Schneidfähigkeit der frisch abgezogenen Klinge verstanden werden, bzw. bei infolge Kaltverfestigung nachschärfenden Klingen die maximal auftretende Schneidfähigkeit.

In den Arbeiten von BORCHERT (13) und TAKAHASI (15) findet man anstelle des in der Solinger Literatur gebräuchlichen Ausdrucks "Schneidfähigkeit" (3, 9, 13) die Bezeichnung "Schärfe".

Die "Standfähigkeit" gibt den Verschleißwiderstand der Klinge an und wird gemessen als Gebrauchsdauer von der Anfangsschneidfähigkeit an bis zu einem Abnutzungsgrad, den man praktisch als "stumpf" bezeichnet. Den Begriff der "Stumpfheit" zahlenmäßig ausdrücken zu wollen, ist wegen völlig individueller Anschauungen hierüber und wegen des Fehlens charakteristischer Merkmale aussichtslos. Theoretische Stumpfheit ist erreicht, wenn der gesamte Schneidkeil abgetragen ist (28). Praktische Stumpfheit wird bedeutend früher erreicht, die theoretische dagegen im allgemeinen nie.

In andern Arbeiten findet man anstelle der "Standfähigkeit" den Ausdruck "Schneidhaltigkeit" (1, 3, 9, 16), der auch im Solinger Gebiet verbreitet ist. Diese Bezeichnung ist als sprachlich unglückliche Wortkonstruktion abzulehnen. Außerdem gehören Messer, wie bereits ausgeführt wurde, zur großen Gruppe der Schneidwerkzeuge, und es ist nicht einzusehen, warum der eingeführte Begriff des "Stehens einer Schneide" nicht auch auf Messer angewendet werden soll.

Aus dem gleichen Grunde soll auch die vorgeschlagene Bezeichnung "Empfindlichkeit" (13) nicht aufgegriffen werden. Die Bezeichnung "Schneidenfestigkeit" (13) könnte irreführen, da man aus der "Festigkeit der Schneide" leicht einen falschen, die Bedeutung der "Standfähigkeit" nicht treffenden Sinn herleiten könnte und außerdem eine "-festigkeit" eine Dimension verlangt (ebenso falsch ist es daher, von "Verschleißfestigkeit" zu sprechen; der Ausdruck ist leider kaum noch aus dem technischen Sprachschatz auszumerzen).

Die von TAKAHASI empfohlenen Bezeichnungen "Dauerhafigkeit" und "Leben" (15) für die Standfähigkeit sind ebenfalls irreführend, da nach den Festlegungen des Deutschen Normenausschusses die Bezeichnung "Lebensdauer" die gesamte Nutzungszeit eines Werkzeugs, die sich aus vielen "Standzeiten" zusammensetzt, kennzeichnet. Von einer Übernahme des "Standzeit"-Begriffs muß aus den auf Seite 21 dargelegten Gründen abgesehen werden.

Die "Lebensdauer" einer Klinge ist die Zeit vom ersten Schneidenabzug bis zur Ausschußreife des Messers. Sie ist die Summe aller Standperioden einer Klinge.

Unter "Korrosion" wird nicht nur das Rosten verstanden, sondern jeder chemische Angriff auf Oberfläche und Korngrenzen einer Klinge. Um einen Messerstahl korrosionsbeständig zu machen, ist für die Grundmasse (nicht für die Legierung!) ein Chromanteil von mindestens 11,8 % Cr erforderlich. Weitere Voraussetzung ist eine polierte Oberfläche. Die Korrosionsbeständigkeit steigt mit der Güte der Oberfläche.

Das "elastische Biegeverhalten" einer Klinge, vielfach fälschlich als "Elastizität" bezeichnet, ist gleichbedeutend mit der Höhe der Elastizitätsgrenze σ_E des Messerstahls. Es ist darunter also die größtmögliche Durchbiegung einer Klinge ohne bleibende Formänderung zu verstehen (zulässige plastische Formänderung o,o3 %).

Die Größe der elastischen Durchbiegung ist abhängig vom Widerstandsmoment, von der Auflagerentfernung und der Biegelast, ferner von der Härtung und von der Größe der etwa vorausgegangenen Biegung.

Durch einmaliges Überlasten (Setzen einer Feder) läßt sich bekanntlich die Elastizitätsgrenze bis um 3o % erhöhen.

2. Anforderungen an eine gute Klinge

Die Forderungen, die an ein Werkzeug gestellt werden, um seine Aufgabe erfüllen zu können, richten sich nach der Art der Beanspruchung im Gebrauch. Die von einer Messerklinge verlangten Eigenschaften wurden bereits genannt:

1. Schneidfähigkeit
2. Standfähigkeit
3. Korrosionsbeständigkeit
4. Elastisches Biegevermögen

Zur optimalen Gestaltung einer Klinge ist es notwendig, die Mittel und Möglichkeiten zu kennen, die uns zur Verwirklichung und Beeinflussung obiger vier Faktoren zur Verfügung stehen, sowie die Verfahren zu deren Prüfung zu wissen. Eine Untersuchung der mechanisch-technologischen Zusammenhänge erscheint daher unerläßlich.

a) Schneidfähigkeit

Die Anfangsschneidfähigkeit wurde definiert als die an einer frisch abgezogenen Klinge auftretende größte Schneidfähigkeit. Eine Klinge ist schneidfähig, wenn sie mit möglichst geringem Kraftaufwand und möglichst kleinem Schneidweg eine möglichst große Schneidarbeit leistet.

1) Erzielung der Schneidfähigkeit

Große Schneidfähigkeit wird erreicht durch

a) kleinen Keilwinkel β
b) geringe Schneidendicke δ
c) eine ausgeprägte Schartigkeit, die jedoch in gewisser Beziehung zur Scheidaufgabe stehen muß,
d) martensitisches, karbid- (zementit-) reiches Gefüge.

Zu a): Die in Abbildung 65 (Seite 79) dargestellte Einteilung der Schneidwerkzeuge zeigt, daß sich die Schnittkraft aus einer zur Schneidenkante parallelen Zugkomponente und einer dazu vertikalen Druckkomponente zusammensetzt. Bei der Untersuchung des Einflusses der Keilwinkelgröße auf die Schneidfähigkeit interessiert nur die Druckkraft P_V. Aufgabe der Schneide ist, Druck in Schub umzuwandeln und dadurch die Trennung des Werkstoffs herbeizuführen. Beim Schneiden mit einer idealisierten Schneide, bei der die Schneidenkante keine endlich schmale Fläche wie bei der wirklichen Schneide ist, sondern die eindimensionale Schnittkurve zweier symmetrischer Keilflächen, wird die in Richtung der Winkelhalbierenden ausgeübte Schnittkraft P zu gleichen Teilen in die beiden senkrecht auf den Keilflächen stehenden Normalkräfte N zerlegt. In dem auf diese Weise beidseitig an der Schneidenkante auftretenden Kräftedreieck (Abb. 2 und 3) wirkt die horizontale Komponente als Trennkraft T. Aus den beiden Abbildungen ist leicht abzuleiten, daß bei gleicher Schnittkraft P große Keilwinkel β kleine Normal- und Trennkräfte erzeugen, und daß N und T umso größer werden, je kleiner der Winkel β ist. Umgekehrt läßt sich sagen: Wenn eine bestimmte Trennkraft zum Zerteilen eines Werkstoffs gefordert ist, wird die aufzuwendende Schnittkraft P umso geringer sein, je kleiner der Keilwinkel β ist.

Diese schon rein zeichnerisch zu beweisende Überlegung wurde durch mehrere praktische Versuche erhärtet (28). Einer beliebigen Verkleinerung des Keilwinkels steht jedoch entgegen, daß Schneiden mit kleinem Keilwinkel bei stärkerer Schnittkraft und härterem Schnittwerkstoff, oder beim Schneiden auf harter Unterlage (Porzellanteller) leicht umknicken. Die Größe des Keilwinkels wird also nach unten begrenzt durch die Art der Schneidaufgabe. TAKAHASI (15) gab einen Keilwinkel von 14° als "normal" an.

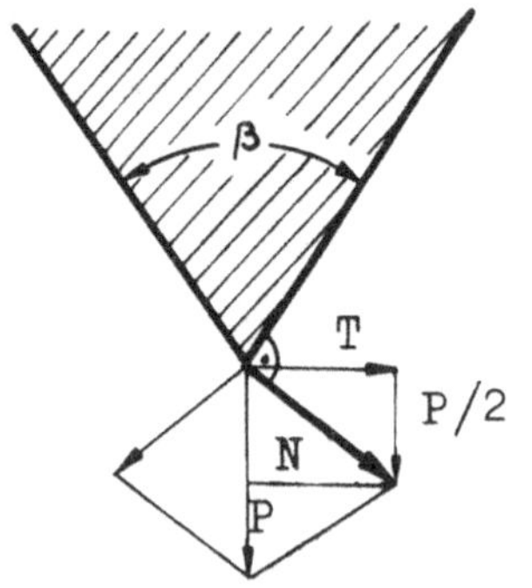

A b b i l d u n g 2
Großer Keilwinkel β erzeugt
kleine Normal- und Trennkräfte

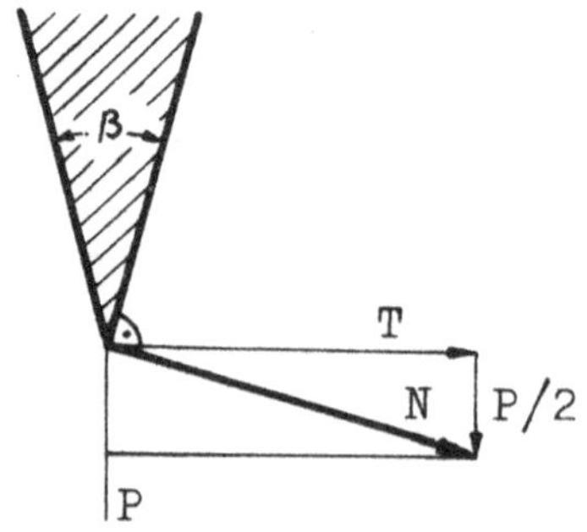

A b b i l d u n g 3
Kleiner Keilwinkel β erzeugt
große Normal- und Trennkräfte

KOLBERG (3) empfiehlt nach Schneidversuchen auf Papier einen Keilwinkel von $2o^{0}$. Tafelmesser erhalten üblicherweise einen Schneidenabzug mit einem $\beta = 3o^{0}$ bis $4o^{0}$. Rasierklingen, die nie gegen harte Unterlagen arbeiten, erhalten Keilwinkel zwischen $1o^{0}$ und 18^{0}. Nach Variationen wurden die eigenen Reihenuntersuchungen an rostfreien Gemüsemessern mit einem konstanten Keilwinkel von $\beta = 3o^{0}$ ausgeführt (28).

Zu b): Die Klingendicke beeinflußt die Schneidfähigkeit nur indirekt, nämlich nur soweit die breiteren Keilflächen (bei gleichem β) einen erhöhten Reibungswiderstand in dickerem Schnittwerkstoff verursachen. Stärkere Schubspannungen im Schnittwerkstoff und größerer Schnittkraftaufwand sind die Folge.

Fabrikatorisch beeinflußt die Klingendicke ferner die Größe des Keilwinkels, wie am Beispiel der Rasierklingen erkennbar ist. Eine dünne Klinge läßt sich mit weniger Stoffverlust (Abschliff) und Unkosten mit einem kleinen Keilwinkel bestimmter Größe abziehen als eine dickere. Umgekehrt sind die billigeren dicken Rasierklingen zur Kostenersparnis durchweg mit größeren Keilwinkeln versehen als die dünnen Klingen.

Der Einfluß der Klingendicke ist also erst von mittelbarer Bedeutung für die Schneidfähigkeit.

Zu c): Die Schartigkeit trägt sehr wesentlich zur Schneidfähigkeit einer Klinge bei, sofern der Schnitt nicht drückend, sondern ziehend geführt wird. Zumindest muß ein Anteil ziehenden Schnitts vorhanden sein, um die Schartigkeit wirksam werden zu lassen. Über alle mit der Schartigkeit zusammenhängenden Fragen wird im Abschnitt V ein Beitrag veröffentlicht, so daß an dieser Stelle auf näheres Eingehen hierauf verzichtet werden kann.

Zu d): Die Schneidfähigkeit ist nicht ohne weiteres von der Härte der Klinge abhängig, wie oft angenommen wird. An einem dünnen, kohlenstoffarmen Weicheisenblech, mit kleinem Keilwinkel abgezogen, läßt sich eine äußerst feine Schneide erzielen, die für ein oder zwei Schnitte eine ausgezeichnete Schneidfähigkeit ergibt, ohne daß man das Blech deshalb als "Schneidwerkzeug" ansprechen würde, da es keine Standfähigkeit besitzt. Für die Praxis allerdings spielen Gefüge und Legierung auch für den Schneidfähigkeitsbegriff eine Rolle. Da in bezug auf die letztgenannten Faktoren Schneidfähigkeit und Standfähigkeit sehr eng miteinander verknüpft sind, wird dieser Punkt im nächsten Abschnitt zusammenhängend besprochen.

2) Prüfungsmöglichkeiten

Zur Prüfung der Schneidfähigkeit einer Klinge genügt dem Praktiker oft die Daumen- oder Nagelprobe. Sie besteht darin, daß der Handwerker oder die Hausfrau das Messer am Stein oder an einem zweiten Messer abzieht, und dann mit dem Fingernagel über die Schneidenkante fährt. Diese haptische Methode der Schneidfähigkeitsprüfung hat natürlich nur subjektive Bedeutung.

HEIKE (12) empfiehlt eine optische Untersuchung, die er bei Messungen an Maschinenmessern mit bestreitbarem Erfolg angewandt hat. Er mißt den Durchmesser der Schneidenrundung und damit den Abrundungsradius an zerbrochenen Klingen mikroskopisch mittels Fadenkreuzokular, ausgehend von der Tatsache, daß die wirkliche Schneidenkante um eine gewisse Strecke, für die G. PAHLITZSCH die Bezeichnung "Abstumpfungshöhe" vorschlägt (14), von der ideellen Schneidenkante entfernt ist. Die entscheidende Fehlerquelle, die dem Heike'schen Vorschlag anhaftet, ist die von dem Messenden wiederum äußerst subjektiv zu handhabende Meßweise. Der gesuchte Schneidenradius wird völlig willkürlich abgelesen. Überdies ist die Zerstörung der Klinge Voraussetzung zur Messung. Die Methode scheidet daher für die ernsthafte Prüfung aus.

BORCHERT (13) hat die an sich sofort einleuchtende Unzulänglichkeit des Verfahrens durch Versuchsmessungen bewiesen und schlägt zur Verbesserung die Anfertigung eines besonderen, mit konzentrischen Kreisen versehenen Okularmikrometers vor.

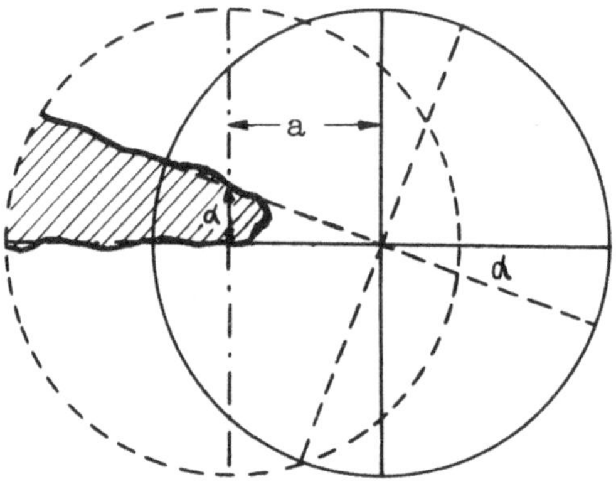

Abbildung 4
Mikroskopische Ausmessung des Schneidenradius nach einem Vorschlag von R. HEIKE (12)

Diese optischen Untersuchungen sind jedoch als Schneidfähigkeitsprüfung nicht umfassend genug. Sie erlauben lediglich eine Keilwinkelbetrachtung in einem einzigen Querschnitt und können nur an zerbrochenen Klingen durchgeführt werden. Zwei zerstörungsfreie Verfahren zur optischen Keilwinkelmessung wurden vom Verfasser entwickelt und werden in einer besonderen Abhandlung (Abschn. III, 2.) beschrieben.

Das erste bekanntgewordene Gerät zur praktischen Schneidfähigkeitsmessung wurde von der Merseburger Waagenfabrik gebaut und 1922 von dem Schweden THUNBERG in einem Aufsatz, "Acrimetrie" betitelt (19), bekanntgemacht (Abb. 5). Als Prüfwerkstoff benutzte THUNBERG Fäden bestimmter Festigkeit und maß einmal die Belastung O, welche notwendig ist, um bei einem nicht schneidenden Druck (dünner Rundstab) die Schlinge zu zerreißen, das andere Mal die Belastung P bei Anwendung eines schneidenden Drucks (Messerklinge). Den Grad der Schneidfähigkeit drückt er aus durch die Beziehung

$$A_c = \frac{O - P}{P}$$

Der Nachteil dieses Verfahrens, das später von BORCHERT (13) nochmals aufgegriffen wurde, ist, daß es nur einen sehr kleinen Teil der Schneide erfaßt und nur eine Teilprüfung der Schneidfähigkeit darstellt, da lediglich die Einflüsse von Keilwinkelgröße und Gefügeausbildung (mittlere Schneidenabrundung) bei drückendem Schnitt berücksichtigt werden, während der wichtige Schartigkeitseinfluß nicht erfaßt wird.

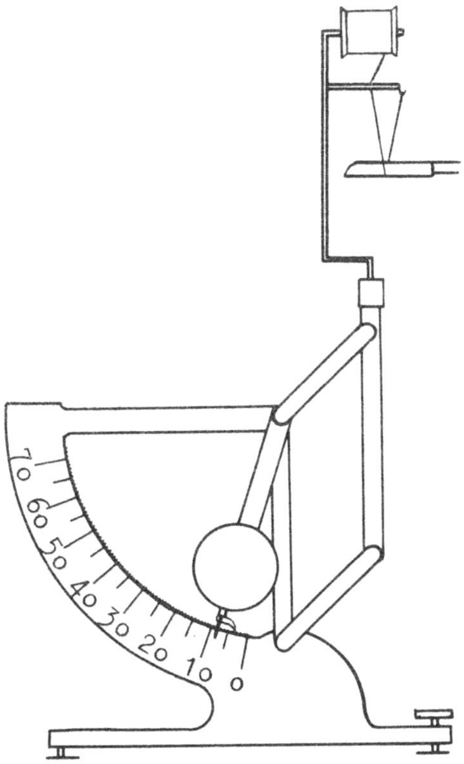

Abbildung 5

Schneidfähigkeits-Prüfgerät von THUNBERG

Dasselbe gilt für eine ähnliche Schneidfähigkeitsprüfeinrichtung, die BORCHERT nach dem gleichen Prinzip baute. Er maß einmal die Kraft, die zur Durchführung einer konstanten Schneidaufgabe benötigt wurde, und einmal die Zeit, die für eine konstante Schneidaufgabe gebraucht wurde, also die Schnittleistung. Je kleiner die Zeit, desto größer die Leistung, und umso größer die Schneidfähigkeit.

Auch hier gilt das oben gesagte, daß auf diese Weise nicht die Schneidfähigkeit, sondern nur ein Faktor gemessen wird, der zur Schneidfähigkeit beiträgt. Diese Prüfungsart könnte lediglich als Kriterium für die Schneidfähigkeit bei drückendem Schnitt gelten (vgl. VI, 1. "Einteilung der Schneidwerkzeuge"). Man kann sie statische Schneidfähigkeit nennen.

Zur Messung der "dynamischen Schneidfähigkeit", das ist die Schneidfähigkeit einer Klinge bei ziehendem oder anteilig ziehendem Schnitt, also zutreffend für die überwiegende Mehrzahl aller Messer (auch Rasierapparate mit Schrägschnitt) sind diese Prüfmethoden jedoch nicht geeignet, da sie den Schartigkeitseinfluß und die Verkleinerung des Keilwinkels β zu dem wirksamen Keilwinkel β' nicht erfassen.

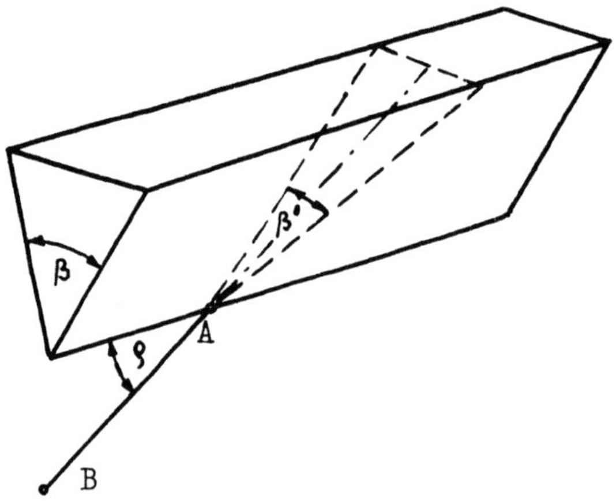

A b b i l d u n g 6

Verkleinerung des Winkels β zu β' durch ziehenden oder anteilig ziehenden Schnitt

Diesen Vorgang zeigt Abbildung 6: A - B sei die Richtung der Ortsveränderung eines beliebigen Punktes A an der Schneidenkante während eines Schnitts (Schnittrichtung!). Diese Richtung trifft unter einem Winkel ϱ auf die Schneidenkante. Dann erfolgt der Schnitt nicht mit dem Keilwinkel β, sondern mit einem wirksamen Keilwinkel β', der zu β die Beziehung hat:

$$\operatorname{tg} \frac{\beta'}{2} = \operatorname{tg} \frac{\beta}{2} \cdot \sin \varrho$$

Die Messung der dynamischen Schneidfähigkeit ist nur mit einem Gerät möglich, auf dem die Klinge mit ziehendem Schnitt eine Schneidarbeit leistet. Daher zielen auch die bisher gemachten Lösungsansätze der Aufgabe, die einigen Erfolg versprachen, auf die mechanische Abstumpfung ab.

Da diese Art der Prüfung, die die Stumpfungsfähigkeit (Verschleißfestigkeit) der Klinge zum Ziel hat, die Messung von Schneidfähigkeit und Standfähigkeit in sich vereint, werden die bekanntgewordenen Verfahren im Zusammenhang mit der Standfähigkeitsprüfung besprochen.

b) Standfähigkeit

Die Standfähigkeit ist die Fähigkeit einer Klinge, während einer möglichst langen Gebrauchsdauer schneidfähig zu bleiben, also zu "stehen". Zur Erzielung einer hohen Standfähigkeit darf die Klinge ihre Schneidfähigkeit von Schnitt zu Schnitt nur unwesentlich vermindern. Die Klinge muß dem durch den Schneidvorgang bedingten Reibungs- und Scherverschleiß (Schartenspitzen!) einen möglichst hohen Widerstand entgegensetzen. Es kommt also in erster Linie auf die Verschleißfestigkeit des Klingenwerkstoffes an und damit sind bereits die wichtigsten Faktoren zur Erzielung einer hohen Standfähigkeit genannt: Legierung und richtige Härtung des Messerstahls. Der dritte zur Standfähigkeit beitragende Faktor ist die Schartigkeit.

1) Ursachen unterschiedlicher Standfähigkeit und Maßnahmen zu ihrer Verbesserung

Durch abweichende Prozentgehalte an Kohlenstoff, durch verschieden hohe Härte- und Anlaßtemperaturen oder Haltezeiten treten auch innerhalb der Kohlenstoffstähle oder innerhalb der Gruppe der rostfreien Messerstähle Unterschiede in der Standfähigkeit auf. Weit stärker aber interessiert den Fachmann, worauf die Unterschiede in Schneidfähigkeit und Standfähigkeit der rostfreien Messerklingen gegenüber denen aus C-Stahl zurückzuführen sind, und ob und wie man sie beseitigen kann.

Für die allgemein als schlechter empfundenen Schneideigenschaften rostfreier Stähle hat man anfangs die verschiedensten Ursachen gesucht. RAPATZ (1o) macht die beim Schleifen und Abziehen auf der Oberfläche gehärteter Klingen entstehende weiche Schleifhaut in vielen Fällen für die geringe Schneidfähigkeit und Standfähigkeit verantwortlich. Besonders bei nichtrostenden Messern sei dies auf die weichgeschliffene Schneide zurückzuführen und nicht auf den nichtrostenden Stahl als solchen. Das ist nur bedingt richtig.

Es wird nicht bestritten, daß beim Schleifen schärfe- und standfähigkeitsmindernde Oxydhäute auf der Klingenoberfläche entstehen. Es konnte versuchsmäßig nachgewiesen werden, daß die Standfähigkeit einer vorsichtig abgezogenen Klinge doppelt so hoch war als diejenige derselben Klinge nach einem mit starker Anpreßkraft durchgeführten Abzug, bei dem beträchtlich hohe Anlaßtemperaturen an der Schneide erreicht worden waren.

Die tiefere Ursache für die fraglichen Unterschiede ist aber werkstofflich bedingt. Chrom gehört zu den Legierungselementen, die das γ-Gebiet abschnüren und die Ar''-Umwandlung (Martensitpunkt) zu tieferen Temperaturen verschieben. Die nach der Glühung zahlreich im Stahl enthaltenen Sonderkarbide müssen während der Härtung zu einem Großteil gelöst werden, um den Chromgehalt der Grundmasse soweit zu erhöhen, daß der Stahl rostbeständig wird, und außerdem seine Durchhärtefähigkeit vergrößert wird. Infolge der hierdurch erdorderlich werdenden höheren Härtetemperatur sinkt der Ar"-Punkt weiter und es kommt dazu, daß der zwischen den Umwandlungsgebieten 1 und 2 stabile Zustand (Austenit) teilweise noch bei Raumtemperatur beständig bleibt. Daher enthält das Härtegefüge nach dem Abschrecken noch einen gewissen Prozentsatz Restaustenit, der bekanntlich von geringerer Härte ist als Martensit. Demgegenüber wandelt sich ein Kohlenstoffstahl bei richtiger Härtung restlos in Martensit um.

Da die Herstellung des nichtrostenden Messerstahls der wissenschaftlichen Erforschung der Zustandsfelder und ZTU-Schaubilder der Eisen-Eisenkarbid-Chromkarbid-Chrom-Legierungen vorausgeeilt war, konnte die härtereitechnische Folgerung aus der neuen Legierung noch nicht rechtzeitig erkannt werden, und so ist es möglich, daß die ersten "Nirosta"-Messer den C-Stahlmessern tatsächlich in jeder Hinsicht unterlegen waren. Es muß jedoch sofort hinzugefügt werden, daß auch heute noch viel Entwicklungsarbeit zu tun bleibt, um die Chromstahlmesser in ihren Schneideigenschaften den C-Stahlmessern in jeder Hinsicht anzupassen oder gar zu übertreffen.

Die Ac_1-Umwandlung eines Messerstahls mit 14 % Chrom und o,4 % Kohlenstoff beginnt bei etwa 82o°C (Abb. 135) [1]. Das γ-Gefüge bleibt bis zum beginnenden Schmelzintervall bei ca. 132o°C beständig (Abb. 134) [1]. Im Anfang der Entwicklung härtete man in Anlehnung an die C-Stahl-Härtung bei Temperaturen zwischen 8oo° und 1ooo°. Der Erfolg war die bekannte Erscheinung geringer Schneidfähigkeit und schlechter Standfähigkeit, da bei diesen niedrigen Temperaturen erst eine ganz geringe Umwandlung des Glühgefüges, wie es nach dem Walzen erzielt wird (Abb. 136) [1], in Austenit vor sich gegangen ist (vgl. dazu Abb. 169) [1]. Der Martensitanteil nach der Härtung ist entsprechend niedrig (Abb. 139) [1]. Die Grundmasse ist Cr- und C-arm. Sonderkarbide der Verbindung $(Cr, Fe)_7C_3$ sind in großer Zahl vorhanden und gehen erst bei höheren Temperaturen über 1ooo° (die große Masse sprunghaft bei 11oo°) in Lösung. Lediglich in einem ganz schmalen Zipfel bei genau o,4 % C würden wir in einem nur γ-Mischkristalle enthaltenden Zustandsfeld härten. Voraussetzung ist allerdings,

1. Siehe Literaturverzeichnis Nr. 28. Die Nummern der erwähnten Abbildungen sind der Dissertation des Verfassers entnommen

daß die Haltezeit groß genug ist, um sämtliche Karbide schon in Lösung zu bringen.

Nach der Härtung von etwa 950° enthält das Gefüge also in der Regel zahlreiche Sonderkarbide in überwiegend perlitischer Grundmasse mit einem nur geringen Anteil Härtegefüge. Die Härte eines C-Stahles kann aus Martensitmangel nicht erreicht werden. Erst höhere Temperaturen und längere Haltezeiten bewirken zunehmendes Inlösunggehen der Karbide, einen höheren Austenitanteil oberhalb A_1 und damit ein besseres Durchhärtevermögen.

Der Austenitanteil oberhalb A_1 muß bei Chromstählen auch noch aus einem andern Grunde beträchtlich sein. Infolge der Ar"-Erniedrigung ist ein chromlegierter Stahl umwandlungsträger als ein C-Stahl. Die Umwandlungsträgheit des Restaustenits nimmt mit steigendem Anteil bereits umgewandelten Austenits zu, so daß auch ein mehrmaliges Anlassen nicht zu vollständiger Martensitbildung führen kann. Wählt man zum Anlassen Temperaturen von 450° bis 500°, so würde der Martensitanteil noch dadurch verstärkt, daß sich auf den Korngrenzen Sekundärkarbide ausscheiden. Der Grundmasse wird hierdurch Chrom entzogen, und Ar" wird heraufgesetzt, was diesen Anlaßmartensit ermöglicht.

Es ist nun andererseits verfehlt, die Härtetemperatur zu hoch zu wählen, da eine gewisse Anzahl Karbide erhalten bleiben muß, um Grobkörnigkeit zu verhüten. Auch zur Steigerung der erwünschten Verschleißfestigkeit ist ein gewisser Anteil an Karbiden nützlich, sofern diese in martensitischer Grundmasse eingebettet sind. Eine Bettung in Restaustenit würde baldiges Ausbrechen bedeuten. Ferner führt die Wahl einer zu hohen Härtetemperatur zu einer weiteren unerwünschten Herabsetzung des Martensitpunktes, und damit wieder zu höherem Restaustenitgehalt, sowie zur Kornvergröberung.

Durch ein schon lange bekanntes und seit einigen Jahren auch auf Klingenhärtung angewandtes Verfahren läßt sich die Qualität durch sogenanntes "Tiefkühlen" des Härtegutes bei -78°C in Kohlensäureschnee und Alkohol noch verbessern. Es gelingt hierdurch, einen weiteren Teil Restaustenit in Martensit überzuführen und die Härte um einige Rockwell-Einheiten zu steigern (28). Neuere Berichte besagen, daß man vielfach wieder von diesem Verfahren abgeht, da die aufgewendeten Kosten in keinem tragbaren Verhältnis zum erzielten Effekt stehen (27). Man kann also feststellen, daß die Scheideigenschaften der Chromstahlmesser mit der richtigen Härtevorschrift stehen und fallen. Es soll daher nochmals festgehalten werden: C-Stahlmesser lassen sich rein martensitisch härten und lassen sich dadurch zu großer Schneidfähigkeit schleifen, die sie für manche Zwecke, wie z.B. für die Verwendung als chirurgische Messer, als besonders geeignet erscheinen lassen.

Die Härtung von Chromstahlmessern läßt sich dagegen bis heute noch nicht ohne Restaustenitgehalt durchführen, so daß sie in ihrer Schneidfähigkeit den C-Stahlmessern zwangsläufig unterlegen sein müssen. Demgegenüber sind die chromlegierten Messerstähle nach weitgehender Karbidlösung äußerst verschleißfest, und sind dadurch den C-Stahlmessern an Standfähigkeit überlegen. Die Schneidfähigkeit von Chromstahlmessern läßt sich durch eingelagerte nichtgelöste Karbide steigern. Auf die Standfähigkeit können sich diese Karbide nur positiv auswirken, wenn sie in martensitischer Grundmasse gelagert sind. In austenitischer Grundmasse eingebettet, können sie sich nachteilig auswirken: Durch den Abziehvorgang oder durch hohe Schnittbeanspruchung werden oftmals Karbide an der Schneide aus weicher Grundmasse herausgerissen. Beim Vorbereiten der Schliffe von Chromstählen konnte beobachtet werden, daß bei kräftigem Andruck des Prüflings auf die Schleifscheibe kleine kreisrunde Vertiefungen im Schliffbild sichtbar wurden (28), die zwar größer waren als der durchschnittlichen Karbidgröße entspricht, die aber nicht auftraten, wenn der Prüfling nur schwach angedrückt wurde. Der vergrößerte Durchmesser wird dadurch erklärt, daß beim Herausreißen der Karbide diese die benachbarte Grundmasse zum Teil mit herauslösten, wenn die Haftung zwischen Karbid und Grundmasse stärker war als die Kohäsion innerhalb der Grundmasse. Die Tiefe der Ausbrüche betrug etwa 1 μ gegenüber einem Durchmesser von 3 - 4 μ, es ist aber wahrscheinlich, daß die Tiefe durch eingedrückte Schleifmasse verfälscht ist. Mit der Erwähnung dieser Beobachtung soll gesagt werden, daß das Herausreißen der Karbide beim Abziehen sehr wahrscheinlich ist. Durch diese Verarmung der Schneidenoberfläche an Karbiden wird die den C-Stahlmessern an sich schon unterlegene Schneidfähigkeit noch mehr herabgesetzt. Über dies muß berücksichtigt werden, daß die Schneidenkante frisch abgezogener Messer nur wenige μ dick ist. Chromkarbidkörner sind von gröberer Ausbildung als Fe-Karbide (Zementitkügelchen), abgesehen von den sehr kleinen Ausscheidungskarbiden. Die Schartigkeit der C-Stahlmesser ist deshalb feiner ausgeprägt als die der Chromstahlmesser, normale Härtung bei beiden voraussetzt.

Nach diesen theoretischen Betrachtungen wird es offensichtlich, daß aus C-Stahl hergestellte Messer zwar eine größere Schneidfähigkeit annehmen, daß rostfreie Messer aber eine höhere Standfähigkeit aufweisen müssen. Diese Aussage deckt sich mit den heutigen Erfahrungen der Praxis.

2) Prüfung der Standfähigkeit

Die Prüfung der Standfähigkeit ist eine Verschleißprüfung. Sie ist eng verknüpft mit der Prüfung der Schneidfähigkeit, darum sollen diese beiden Teilprüfungen hier zusammenhängend besprochen werden.

In der Werkzeugindustrie ist bekanntlich die Messung der "Standzeit" eines Schneidwerkzeuges üblich. Die Standzeit läßt sich dabei eindeutig abgrenzen, da nach einer gewissen Abnutzungszeit leicht erkennbare, deutliche Zeichen auftreten (Blankbremsung, Verschleißmarken, Auskolkung), die über das Prüfungsende keinen Zweifel lassen. Das ist bei der Prüfung von Messerklingen nicht der Fall. Von der "Standzeit" eines Messers zu sprechen, wäre also verfehlt, da sich einmal mangels äußerer Anzeichen kein deutliches Ende dieser Zeit feststellen läßt, und zweitens wäre die Bezeichnung "Standzeit" für ein Gebrauchsmesser nicht sinnvoll, weil es in der Praxis keiner stetigen Abnutzung unterliegt. Man könnte also lediglich den Stumpfungsverlauf als Funktion der Gebrauchszeit, der Schneidarbeit oder der Schnittleistung in Form einer Stumpfungskennlinie aufstellen, ohne das Ende der Stumpfung, das bei Handmessern fragwürdig ist, in den Kennwert eingehen zu lassen.

Der Kennlinienanfang dagegen, der die Schneidfähigkeit des frisch abgezogenen Messers darstellt, kann als Prüfung der Anfangsschneidfähigkeit angesehen werden.

Auf dieser Basis, nämlich auf der mechanischen Abstumpfung von Klingen unter gleichen versuchsmäßigen Bedingungen, sind bereits einige Prüfverfahren entwickelt und vorgeschlagen worden. Sie unterscheiden sich nur in der Verfahrenstechnik und durch mehr oder weniger große Zweckmäßigkeit. Keins hat sich bisher einführen können. Grundlegende Fortschritte in der Methode, der Sicherheit der Prüfung und der zeitlichen Begrenzung bringt erst das neuentwickelte Gerät mit dem zugehörigen Verfahren.

Das erste in der Literatur bekanntgewordene Gerät, das die Prüfung von Schneidfähigkeit und Standfähigkeit gestattete, wurde 1927 von den Japanern Kotaro HONDA und Kinnoske TAKAHASI entwickelt (15). Eine Klinge wird in einer Vorrichtung unter konstantem Druck eine konstante Weglänge auf einem Papierblock hin- und hergeführt. Die Anzahl der abgeschnittenen Papierschnitzel pro Hub ist ein Maß für die Schneidfähigkeit; die Anzahl der Schnitte, bei der die Schneidfähigkeit auf die halbe Schnitzelzahl gesunken ist, wird als "Haltbarkeit" oder "Leben" bezeichnet. Die Ergebnisse dieser Arbeit sind:

1. Die Schneidfähigkeit, hier "Schärfe" genannt, ist vom Keilwinkel abhängig. Je kleiner der Keilwinkel, desto größer die Normalkraft und die Trennkraft (vgl. dazu Abb. 2 und 3 auf Seite 12).
2. Je größer die Schnittkraft P, desto größer die Trennkraft. Die "Schärfe" nimmt mit der Schnittkraft aber nicht im Verhältnis, sondern weit stärker zu.
3. Ein Keilwinkel von 14° wird als "normal" angegeben.
4. Der Abfall der Schneidfähigkeit erfolgt logarithmisch.

Dazu ist zu sagen: Die beiden ersten Punkte decken sich mit der auf Seite 12 vertretenen Auffassung. Die nicht verhältnisgleiche Abhängigkeit Druck-Schneidfähigkeit ist auf Schartigkeitseinflüsse zurückzuführen. Der logarithmische Abfall der Schneidfähigkeit ist apparatgebunden bzw. durch die konstant bleibende Schnittkraft bedingt.

Unabhängig von den Japanern wurde zur gleichen Zeit am Solinger Forschungsinstitut von W. KNAPP ein Prüfgerät entworfen (16), das eine Weiterentwicklung desselben Prinzips darstellt (Abb. 7). Der Messerträger ist als Schlitten ausgebildet und wird über eine Exzenterscheibe mit einstellbarer Hublänge motorisch hin- und herbewegt. Das Messer ist mit der Schneide nach oben eingespannt. Das Schnittmaterial - ein Papierfolienblock von o,5 cm^2 Querschnitt - ist an einem gewichtsbelasteten Hebelarm zum

A b b i l d u n g 7

Schneiden-Prüfgerät von W. KNAPP. Hubzählverfahren

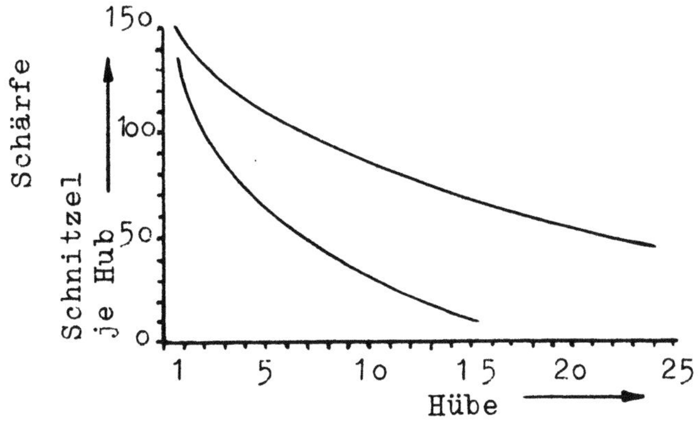

Schneidhaltigkeit

A b b i l d u n g 8

"Schärfe"-Diagramm nach HONDA-TAKAHASI

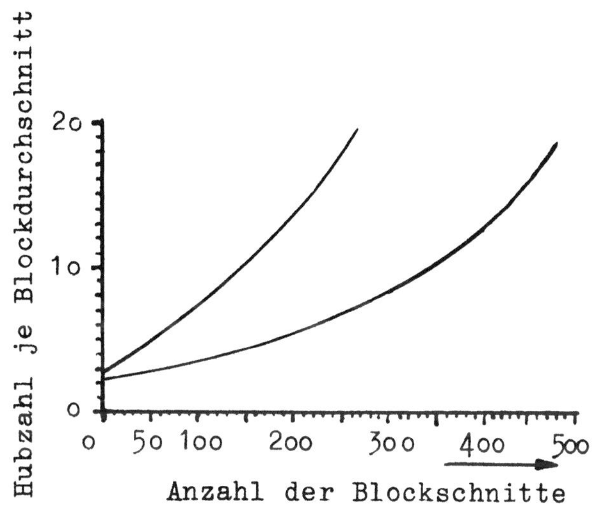

A b b i l d u n g 9

Schaubild der Standfähigkeit nach dem Hubzählverfahren von W. KNAPP

Verschieben von Hand angebracht. Der Schneidendruck kann durch Ändern der Belastung variiert werden, bleibt aber für die Dauer einer Prüfung konstant. Gemessen wird die je Blockdurchschnitt erforderliche Hubzahl und die Anzahl der Blockdurchschnitte bis zu einem vorgegebenen Schneidfähigkeitsgrad. Beides wird als Klingencharakteristik schaubildlich aufgezeichnet (Abb. 9). Paradoxerweise entspricht bei dieser Art der Auftragung ein kleiner Wert einer hohen Schneidfähigkeit.

KNAPP gelangte zu den gleichen Ergebnissen wie die Japaner, außerdem stellte er fest:

1. Schneidfähigkeit und Standfähigkeit verhalten sich proportional zur Schnittgeschwindigkeit.

2. Die Schneidfähigkeit verhält sich proportional zur Schartigkeit.
3. Die Schneideigenschaften der C-Stahlmesser steigen mit dem Kohlenstoffgehalt.
4. Rostfreier Stahl mit 0,45 % C schneidet besser als C-Stahl mit 0,45% C.

Hierzu ist zu bemerken, daß bereits auf Seite 16 in Abbildung 6 dargestellt wurde, wie durch den ziehenden Schnitt der tatsächliche Keilwinkel β zum wirksamen Keilwinkel β' verkleinert wird. Die Größe dieses Winkels β' ist direkt von der Schnittgeschwindigkeit abhängig. Je größer die Schnittgeschwindigkeit, desto kleiner β', konstante Schneidenbelastung vorausgesetzt. Erhöhung der Schnittgeschwindigkeit wirkt also wie eine Verkleinerung des Keilwinkels. Außerdem kommt durch höhere Schnittgeschwindigkeit die Schartigkeit besser zur Auswirkung. Die Proportionalität zwischen Schneidfähigkeit und Schartigkeit stellte KNAPP durch Augenschein fest. Zahlenmäßige Schartigkeitsmessungen wurden erstmalig in den folgenden Untersuchungen durchgeführt (Abschnitt V).

Zu Punkt 3 ist zu sagen, daß mit höherem Kohlenstoffgehalt die Zementitbildung im C-Stahl verstärkt wird, was sich natürlich fördernd auf Schneidfähigkeit und Standfähigkeit auswirkt, wie an anderer Stelle erläutert wird. In der Praxis wird diesem Umstand dadurch Rechnung getragen, daß Messer, die vorwiegend auf besonders präzise und scharfe Schnitte beansprucht werden (wie z.B. chirurgische Messer) höher kohlenstoffhaltig sind als andere. Zur Zusammenhangsfrage Kohlenstoffgehalt - verlangte Schneidfähigkeit - ist die folgende kurze Übersicht vielleicht aufschlußreich (nach einer Empfehlung des "Fachverbandes Schneidwarenindustrie"):

Erforderlicher Kohlenstoffgehalt für:

Korkzieher	0,45 % C
Hauermesser	0,55 - 0,65 % C
Tafelmesser	0,75 - 0,80 % C
Fleischermesser	0,80 - 0,90 % C
Taschenmesser	1,00 % C
Sattlermesser	1,1 % C
Ledermesser	1,2 % C
Chirurgische Messer, Rasiermesser usw.	1,3 % C

Punkt 4 erscheint zunächst wenig einleuchtend. Es wurde schon erwähnt, daß rostfreier Stahl nur eine bessere Standfähigkeit, aber keine höhere Schneidfähigkeit aufweisen kann. Die Untersuchungen von KNAPP wurden jedoch einerseits an übereutektoidischen Chromstahlmessern mit überdurchschnittlichem C-Gehalt, andererseits an untereutektoidischen, sehr niedrig gekohlten, also verhältnismäßig weichen Kohlenstoffstahl-Messern durchgeführt. Die Vergleichsmesser gehörten demnach keinen sich im C-Gehalt entsprechenden Gruppen an, wodurch die erzielten Ergebnisse verständlich werden.

Die mit den hier besprochenen Prüfverfahren gemachten Erfahrungen haben der Klingenindustrie bereits wertvolle Hinweise liefern können. Die aufgezeigten Nachteile dieser Geräte verlangten jedoch eine Neuentwicklung.

c) Korrosionsbeständigkeit

1) Ursachen der Korrosion an Klingen

Messerklingen sind wie jeder andere Besteckteil im Gebrauch den mannigfaltigsten chemischen Einflüssen ausgesetzt. Viele Speisen enthalten organische Säuren oder Kohlensäure, Spülwasser wirkt durch alkalische Reinigungsmittel zerstörend, mangelhaftes Abtrocknen fördert Rostbildung, und feuchte Klingen aus Kohlenstoffstahl, neben Teilen aus anderm Metall abgelegt, können zu chemischer Elementbildung neigen.

Aus der Tatsache, daß bei der Korrosion also immer eine wäßrige Lösung anwesend ist, muß man schließen, daß letztere als Elektrolyt wirkt. Durch den metallisch inhomogenen Aufbau der Klinge wird eine elektrochemische Potentialbildung ermöglicht. So entstehen bereits nach kürzestem Angriff unter Sauerstoffbeteiligung die verschiedenen Hydroxyde des Eisens, die nach Wasserabgabe als Rost in Erscheinung treten.

Der chemische Angriff setzt zunächst auf der Oberfläche ein. Bei der Betrachtung zahlreicher Schliffbilder werden aber auch viele feinste Haarrisse sichtbar, die von der Härtung herrühren und meist entlang einer Korngrenze verlaufen. Je grobkörniger das Gefüge ist, desto mehr wird dieser Möglichkeit Vorschub geleistet. Auf diese Weise entsteht Rißkorrosion und Rand-Korngrenzenkorrosion.

Durch Verwendung legierter Messerstähle werden die Klingen heute weitgehend vor Korrosion geschützt. Absolute Korrosionssicherheit gibt es nicht, da diese neben der Legierung noch von der Politur der Oberfläche abhängt, und absolut ebene metallische Oberflächen sich bekanntlich nicht herstellen lassen.

Rostbeständigkeit setzt bei 11,8 % Cr in der Grundmasse ein. Da der Kohlenstoff immer einen Teil des Chroms als Karbid bindet, und der Grundmasse entzieht, muß immer eine gewisse Chromreserve vorhanden sein, so daß man zur praktischen Erzielung einer Rostbeständigkeit in der Regel 13 - 14 % Cr bei o,4 % C zulegiert. Höherer C-Gehalt bedingt entsprechend höheren Chromgehalt.

In der Praxis häufig auftretende Beanstandungen der Form, daß als "rostfrei" gekaufter Stahl nach der Bearbeitung doch rostet, haben immer falsche Wärmebehandlung als Ursache, indem eine zu große Karbidmenge eine unzulässig starke Verarmung der Grundmasse an Chrom hervorgerufen hat.

2) Passivierungstheorien

Schon 1924 fanden BENEDICKS und SUNDBERG (4), daß, je feiner eine Oberfläche bearbeitet wird, eine umso dichtere sauerstoffbeladene Schicht auf ihr entsteht. Parallel dazu läuft die Beobachtung, daß die Korrosionsbeständigkeit mit der Feinheit der Oberflächenpolitur ansteigt. Über die physikalischen Zusammenhänge sind mehrere Theorien aufgestellt worden. Es ist noch nicht mit Sicherheit zu sagen, welche die endgültig richtige ist.

Durch Untersuchungen von H. RAETHER (5) wurde die Faraday'sche Auffassung mittels Elektronenstrahlen bewiesen, daß mechanisch feinbearbeitete (polierte) Oberflächen, insbesondere bei Chrom (aber auch bei Eisen!), feinkristallinische Zerstörungen aufweisen und eine sehr dünne Oxydschicht aufnehmen, die eine Passivität der betreffenden Oberfläche gegenüber Säureangriffen hervorruft. Warum die Passivität bei Eisen-Chrom-Legierungen größer ist als bei reinen C-Stählen, ist noch nicht restlos geklärt. Wahrscheinlich ist die stärkere Affinität des Chroms zum Sauerstoff die Ursache. Zwar ist Chrom als Grundelement unedler als Eisen, - es bildet unter Luftsauerstoff leichter sein Oxyd als jenes und auf bearbeiteten Oberflächen entwickelt es sich geradezu spontan zu sogenanntem "passiven Chrom". Dieses passive Chrom, vermutlich ein Chromoxyd, ist jedoch erheblich beständiger und edler als Eisenoxyde oder Eisen. Die wissenschaftliche Begründung hierfür steht ebenfalls noch aus.

1943 widerlegten F. EISENSTECKEN und H. ROTHERS (8) die Oxydfilmtheorie. Sie räumten allenfalls die Möglichkeit des Vorhandenseins einer dünnen Schicht (weniger als 1o Å) adsorbierten Sauerstoffs ein, neigen aber eher zu der Ansicht, daß der Grund der Passivität in einer durch den Poliervorgang angeregten Verschiebung freier Elektronen zu suchen sei. Sie finde in den äußeren Schalen der Randatome statt und verleihe ihnen Edelmetallcharakter. Da gerade bei den üblichen Chromgehalten von 13,4 % und 15,7 % Molverhältnisse des Cr zum Fe vorliegen, die einer Kompensation der äußeren Elektronenschalen entgegenkommt, scheint diese Passivierungstheorie sich auf einleuchtende wissenschaftliche Grundlagen zu stützen.

3) Prüfung der Korrosionsbeständigkeit

Die Prüfung der Korrosionsbeständigkeit von Klingen geschieht durchweg im Langzeitversuch und ist im DIN-Blatt 50905 festgelegt. Die zu prüfende Klinge wird mit dem Angriffsmittel in Berührung gebracht, wobei man hauptsächlich zwischen Tauch-, Durchfluß-, Rühr- und Sprühversuchen unterscheidet. Die Angabe der Konzentration des Angriffsmittels ist erforderlich. Die Angabe der Konzentration des Angriffsmittels ist erforderlich. Die Messung geschieht durch Gewichtsverlustwägung und wird in

$$\frac{g}{mm^2 \cdot Tag} \quad \text{oder} \quad \frac{mm}{Jahr}$$

angezeigt. Weitere noch nicht normenmäßig erfaßte Prüfmethoden sind die Tüpfelprobe und die Messung des elektrochemischen Potentials zwischen zwei Elektroden, deren eine die Chromstahlklinge ist, und deren andere aus einem Metall besteht, das in der Volta'schen Spannungsreihe zwischen passivem und aktivem Chrom liegt. Beide sind als Kurzzeit-Versuche anzusprechen.

Die Tüpfelprobe besteht in einem Aufbringen eines Essig- oder $CuSo_4$-Tropfens auf die Stahloberfläche und der Beobachtung der Wirkung nach Minuten oder Stunden. Die Prüfung ist subjektiv und zahlenmäßig nicht auswertbar.

Das neueste Prüfverfahren, für das im Solinger Forschungsinstitut Richtlinien ausgearbeitet wurden, ist die elektrochemische Potentialmessung. In ein mit einem schwachbewegten Elektrolyten angefülltes Gefäß wird die Chromstahlklinge anodisch eingetaucht. Als Kathode wird ein Blech aus einem Metall verwendet, das edler als aktives und unedler als passives Chrom ist. Die zwischen den Elektroden bestehende Spannung nimmt mit fortschreitender Oberflächenkorrosion ab und überschreitet die Spannungsgleiche. Die leicht aufnehmbare Spannungs-Zeit-Charakteristik wird als Kriterium der Korrosionsbeständigkeit ausgewertet.

d) Elastische Biegefähigkeit

1) Begriffliche Klarstellung

Je nach Verwendungszweck einer Klinge wird man von ihr eine mehr oder weniger große elastische Biegefähigkeit verlangen, die im Schrifttum nicht ganz exakt als "Elastizität" bezeichnet wurde. Untersuchungen über den idealen Klingenquerschnitt hinsichtlich Festigkeit und des elastischen Biegeverhaltens führte F. HENDRICHS (9) und kam zu Begrenzungsformen quadratischer Parabeln.

In einer anderen früheren Veröffentlichung (3) war durch Reihenuntersuchungen an Messerklingen festgestellt worden, daß rostfreie Messer bei gleicher Belastung eine nur halb so große Durchbiegung zeigten als solche aus C-Stahl. Diese Unterschiede im Biegeverhalten sind unglaubhaft und falsch.

Für die Durchbiegung im elastischen Bereich ist unter der Voraussetzung gleichen Widerstandsmoments nur der E-Modul maßgebend. Der Elastizitätsmodul sämtlicher Stähle, mithin auch der Kohlenstoffstähle und der Chromstähle, ist aber praktisch gleich. Er wird mit 2,o bis $2{,}25 \cdot 10^6$ kg/cm^2 angegeben (18), der größtmögliche Unterschied beträgt also nur 12 %.

Über die Richtungsabhängigkeit des Elastizitätsmoduls in gewalzten Eisenblechen werden in der Literatur (21) Angaben gemacht. Bei den durchgeführten Untersuchungen ist jedoch an allen Klingen nur gleiche Walzrichtung möglich.

Das Hooke'sche Gesetz $E = \frac{\sigma}{\varepsilon}$ gilt nur im elastischen Bereich. Mithin muß auch im elastischen Bereich, in dem natürlich nur von "Elastizität" gesprochen werden kann, diese bei den in Frage stehenden Stählen gleich sein. Wenn der Verfasser von (3) zu andern Ergebnissen gekommen ist, müssen Querschnitts- oder Formunterschiede vorgelegen haben.

Unterschiede sind aber zu erwarten in der Höhe der Elastizitätsgrenze σ_E, und diese sind von praktischem Interesse. Für die Höhe der Elastizitätsgrenze, die proportional der Größe des Feder-Arbeitsvermögens A ist, ist einmal die sachgemäße Härtung maßgebend, dann aber auch Einflüsse durch Kaltverfestigung, wie sie z.B. durch "Setzen" oder beim Richten von Messern mit Härteverzug auftreten, sowie andererseits Legierungselemente. Ein bemerkenswerter Einfluß der letzteren ist jedoch bei den zur Betrachtung stehenden beiden Messerstählen nicht zu erkennen.

2) Prüfung des elastischen Biegeverhaltens

Die Prüfung des elastischen Biegeverhaltens einer Klinge wird in der Messerindustrie rein subjektiv und gefühlsmäßig durchgeführt. Es ist allgemein üblich, Biegeproben im Schraubstock vorzunehmen, indem die Klinge um einen willkürlichen Biegegrad gekrümmt wird, wobei sich keine bleibende Ausbiegung zeigen darf. Die Klinge darf nicht "stehen bleiben".

Eine exakte Bestimmung der Höhe der Elastizitätsgrenze in kg/mm^2 wäre nur im Zerreißversuch oder u.U. auch im Biegeversuch mit Rechteckstäben möglich. In den Untersuchungen des Verfassers (28) wurde die elastische Biegefähigkeit durch statische Federprüfung ermittelt. Es wurde einmal der mechanische Belastungsfall "beidseitig aufgestützter Balken mit symmetrischer Mittenbelastung" und einmal der Fall "einseitig eingespannter Balken mit Einzelkraft am Ende" angenommen. Nach jeder Belastungsstufe wurde die Klinge entlastet und auf bleibende Durchbiegung untersucht. Die Belastung, bei der erstmals eine sichtbare Verformung zurückblieb, wurde als Vergleichsmaß innerhalb dieser Versuchsreihe angesehen.

Es ist dabei zu berücksichtigen, daß die Ergebnisse dieser Untersuchungen nur in ihrer Tendenz auswertbar sind, die einzelnen Zahlenwerte hingegen haben nur für den betreffenden Probenschnitt Gültigkeit.

Im Rahmen der gestellten Aufgabe wurden diese Ergebnisse als ausreichend angesehen.

e) Der Einfluß der geometrischen Klingenform auf die Schneideigenschaften

Die Formgebung der Messerklingen finden wir zum Teil von Zweckmäßigkeitsgründen, zum Teil aber auch vom Käufergeschmack beeinflußt. So haben Gemüsemesser ausschließlich eine gerade Wate, während Tafelmesser durchweg eine zur Spitze hin aufwärts gekrümmte Schneide aufweisen. Selbst der Rücken mit der Schor ist ähnlich ausgebildet. Diese Formgebung hat sich durch ihre Handlichkeit und geschmackvolle Linienführung durchgesetzt, auf die Schneideigenschaften der Klinge hat sie natürlich direkt keinen Einfluß. Wohl aber macht sie sich indirekt recht nachteilig bemerkbar. Die üblichen Abziehmaschinen sind nämlich nicht in der Lage, gekrümmte Waten durchgehend winkelgerecht abzuziehen. Maschinelles Abziehen ist daher nur bei Klingen mit liniengerader Schneidenkante (Gemüsemesser) möglich.

A b b i l d u n g 1o

Aussehen einer maschinell abgezogenen Wate an Messern mit gekrümmter Schneidenkante

Wollte man auch Tafelmesser mit gekrümmter Wate maschinell abziehen, würden die Keilflächen vom Kropf zur Mitte hin breiter werden und zur Spitze hin wieder abnehmen. Die Schneidenkante, theoretisch die Schnittlinie zweier Flächen, würde dadurch an der Spitze und am Kropf flächig (Abb.1o). Dadurch würde die Schneidfähigkeit an diesen Stellen natürlich erheblich gemindert, abgesehen von dem Gewichts- und Formverlust in Klingenmitte.

In der Praxis werden deshalb Tafelmesser durchweg von Hand abgezogen, indem die Schneide einige Male schräg an einem rotierenden Schmirgelstein vorbeigezogen wird. Von einem einheitlichen Keilwinkel bei großen Stückzahlen kann unter diesen Umständen natürlich keine Rede mehr sein, auch ist der Keilwinkel in den seltensten Fällen symmetrisch oder gleichschenklig. Trotz des Handabzugs findet man überdies den Schneidenabzug nur selten bis zur Spitze durchgeführt.

Dieser indirekte nachteilige Einfluß der Formgebung auf die Schneideigenschaften scheint durch den Bau einer Abziehmaschine mit drehbeweglichem Klingenhalter einfach beseitigt werden zu können. Die Kurvenführung könnte durch Kurvenscheibe oder nach dem Prinzip einer Nachformwerkzeugmaschine erreicht werden. Es tritt aber dabei eine Schwierigkeit auf, die zu beheben nicht einfach ist: Nachdem das Klingenblatt gehärtet und fertig geschliffen ist, wird die Wate "wittgeschoppt" (Solinger Mundart - weißgeschabt). Sie wird senkrecht auf den Schmirgelstein aufgesetzt und einmal vorbeigeführt. Die Schneiden"kante" ist nun als weiße schmale Fläche sichtbar, wenn man senkrecht auf sie blickt. Durch diesen Kontrollblick stellt man fest, daß sich die Messer nach rund 1o Schleifvorgängen (Vorschleifen, Grobpließten, Ströpen, Feinpließten, Braunpließten, nochmals Feinpließten, Klarpließten, Vorpolieren, Fertigpolieren) in Form und Dicke geringfügig voneinander abweichen, nachdem die Rohlinge noch völlig gleichmäßig das Gesenk verlassen haben. Wenn die Klingen aber in Form und Dicke nur um wenige 1/1oo mm differieren, ist mittels Kurvenscheibe auf einer automatischen Schleifmaschine schon kein gleichmäßiger Abzug mehr zu erzielen. Vorbedingung für maschinelles Abziehen konvex oder konkav gekrümmter Schneiden ist also zunächst einmal, daß eine Klinge wie die andere die Schleiferei verläßt. Für das Abziehen der in den später folgenden Reihenversuchen verwendeten Klingen wurde eine besondere Lösung gefunden (III, 3.).

Die Gestaltung der Keilflächen ist von der Art des Anschliffs abhängig. Flachschliff (a) oder Hohlschliff (b) (Abb. 11) verändert die wirksame Winkelgröße und beeinflußt dadurch die Schneideigenschaften. Insbesondere an Rasierklingen werden diese Unterschiede sichtbar. Auf Tellerschleifmaschinen abgezogene Klingen haben geometrisch ebene Keilflächen und die Keilwinkelgröße ändert sich im Verlauf der Abstumpfung nicht. Sie läßt sich bei leicht auszumessender Keilflächenbreite k berechnen aus der Beziehung

$$\sin \frac{\beta}{2} = \frac{\delta}{2\,k}$$

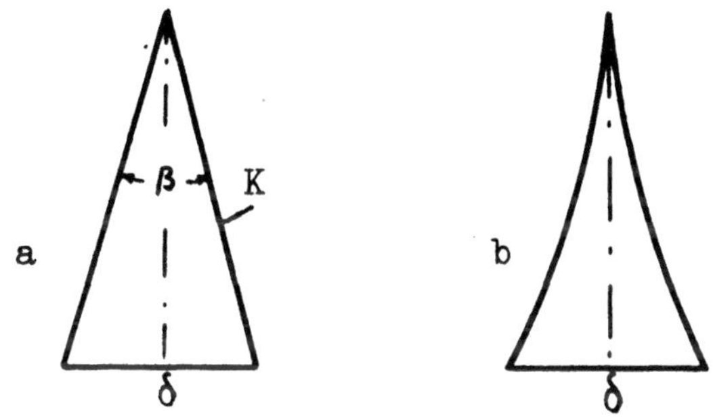

Abbildung 11

Ausbildung der Keilflächen durch Flachschliff (a) und Hohlschliff (b)

Der Hohlschliff, hervorgerufen durch Abziehen am Umfang kleiner Schleifscheiben, verleiht der Klinge eine größere Schärfe infolge Winkelverkleinerung an der Schneidenkante. Da die sehr dünne Kante schneller abstumpft, ist die Standfähigkeit geringer.

Über den Einfluß der Klingendicke hat KOLBERG (3) berichtet, daß dünnere Klingen eine bessere Standfähigkeit haben als dickere. Eine Schneidendicke von o,22 mm ergab nur eine halb so große Standfähigkeit als eine von o,o8 mm. Dieses Ergebnis muß auf einem Trugschluß beruht haben, wenn man gleiche Keilwinkel voraussetzt, oder wenn man die Abstumpfung nicht gerade über die Schneidendicke der dünneren Klinge (δ_1) hinaus fortsetzt.

Natürlich bieten dickere Klingen in einem Schnittwerkstoff, dessen Dicke die Schneidenhöhe übertrifft, infolge ihrer breiteren Keilflächen einen

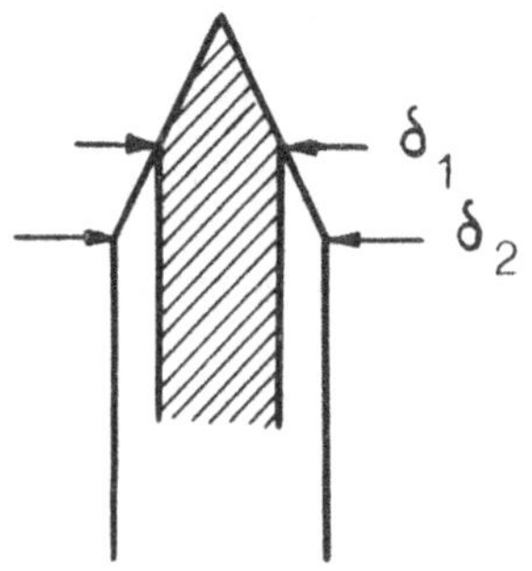

Abbildung 12
Die Klingendicke hat keinen Einfluß auf die Standfähigkeit

höheren Reibungswiderstand. Dadurch hat es den Anschein, als ob die Schneidfähigkeit der dicken Klingen schneller abnimmt. Für eine schlechtere Standfähigkeit der dicken Klinge wäre sachlich überhaupt keine Ursache gegeben.

Durch eigene Versuche wurde der Nachweis erbracht, daß die Klingendicke nur einen berechenbaren Einfluß auf die Größe der Schnittkraft ausübt, aber keine Auswirkung auf die Standfähigkeit hat. Als letzter Einfluß geometrischer Formgebung ist das Einschleifen von Kalotten, Segmenten und Sägeverzahnung in die Wate zu nehmen. Darüber wird in Abschnitt V berichtet.

f) Schlußfolgerung

Vorstehend wurden die Anforderungen an Klingen genannt, Zusammenhänge zwischen ihnen aufgezeigt und die zu ihrer Verwirklichung einzuschlagenden Wege untersucht.

Die angegebenen Prüfverfahren ermöglichen eine Bestimmung der vier verlangten Eigenschaften. Einzelne Prüfverfahren bedürfen noch der Verbesserung, so in der Hauptsache die Prüfung der Schneideigenschaften. Die mit den bestehenden Prüfmethoden gemachten Erfahrungen liefern den Hinweis, daß die Prüfung der Schneideigenschaften nur durch eine verkürzte mechanische Abstumpfung einer Klinge erfolgen darf, um für die Praxis ausgewertet werden zu können. Deshalb wurde für die Neuentwicklung eines Prüfgeräts die mechanische Abstumpfung im Prinzip beibehalten. Das neue Verfahren unterscheidet sich jedoch grundlegend von den früheren durch seine Methodik, Prüfungs-Zeitdauer und Auswertung.

III. Vorbereitende Arbeiten

1. Erprobung eines geeigneten Schnittwerkstoffs

Die Art und Beschaffenheit des geschnittenen Werkstoffs ist natürlich nicht ohne Einfluß auf das Prüfergebnis, sowie auf den Stumpfungsvorgang überhaupt. Da mit Messern das verschiedenartigste Schnittgut geschnitten wird, ist es notwendig, für die versuchsmäßige Prüfung einen Schnittwerkstoff zu finden, der eine durchschnittliche praxisgerechte Abstumpfung an der Klingenschneide verursacht. Da Handmesser im allgemeinen nicht sehr harte Stoffe schneiden, ist als besonderes Moment zu berücksichtigen, daß der für die Klingenprüfung auszuwählende Schnittwerkstoff ebenfalls so beschaffen ist, daß beim Eindringen der Wate in den Stoff kein Nachschärfen der Keilflächen erfolgt. Zum besseren Verständnis der nachfolgenden Schneidversuche soll vorab versucht werden, einen Einblick in den innerstofflichen Schneidvorgang bei verschiedenen Arten möglicher Schnittwerkstoffe zu bekommen.

a) Der Schneidvorgang in verschiedenen Schnittwerkstoffen

Als Schnittwerkstoffe sind harte, spröde, weiche und zähe Stoffe und ihre Zwischenstufen denkbar. In allen spielt sich der Schneidvorgang verschiedenartig ab. Außerdem kommen noch Einflüsse der Stoffdicke hinzu, sowie die von Faserrichtungen, Texturen, Inhomogenitäten.

Betrachten wir zunächst harte, spröde Stoffe, wie gewisse Kunststoffe, Metallfolien, Horn. Beim Aufsetzen erleidet die Schneide infolge geringer Elastizität der Schnittwerkstoff-Oberfläche eine hohe Flächenpressung entlang ihrer Kante, da die gesamte Schnittkraft durch eine Fläche von nur mikroskopischer Breite, die Schneidenkante, übertragen wird. Die schartigen Verzahnungen wirken wie Hobel oder Stichel und graben sich spanbildend geringfügig ein. In demselben Maße, in dem die Keilflächen mit zur Kraftübertragung herangezogen werden, verringert sich die spezifische Pressung, also der Druck. Nun aber wird die Schnittkraft hauptsächlich von den senkrecht auf den Keilflächen stehenden Normalkräften ausgeübt (siehe Abb. 2 und 3, Seite 12), deren horizontale Komponente T den Stoff auseinanderzureißen versucht. Die Schneide wird dadurch entlastet und kann bei voreilender Spaltwirkung sogar freiliegen. Infolge zunehmender Schubspannung und Kerbwirkung wird bei gleichbleibender Schnittkraft die Fließgrenze des Werkstoffs bald erreicht und es kommt zum Bruch.

Der Trennvorgang läßt sich also bei spröden Werkstoffen durch bloße Zerreißwirkung erklären. Nach W. KUNTZE (22) ist der Vorgang interkristalliner Natur, eine Tranlation auf den Gleitebenen der Kristalle findet nicht statt. Bei andern, weniger spröden Stoffen, deren Teilchenverband man auch als "kristallines Haufwerk" bezeichnet (Weichmetalle, Kunststoffe), werden auf den Kristallebenen Normalkräfte in großem Maße zu Scherkräften umgeformt. Neben bloßen Zerreißungen finden Gleitungen und sogar Zwillingsbildungen statt, die eine unregelmäßige, nahezu treppenförmige Trennungsfläche beim Bruch oder Schnitt auftreten lassen. Dieser Trennvorgang ist als "banale Gleitung" bekannt (22).

Da die Kerbwirkung bekanntermaßen unberechenbare Einflüsse auf die im Werkstoff herrschenden Kohäsionskräfte ausübt, sind harte und spröde Werkstoffe ihres wenig konstanten Schnittverhaltens wegen kaum geeignet, einen brauchbaren Schnittwerkstoff für Schneidversuche abzugeben. Die durchgeführten Versuche beweisen es (28).

In einem weichen elastischen Stoff (z.B. Fleisch) verläuft der Schneidvorgang anders. Infolge der elastischen oder gar plastisch verformbaren Oberfläche werden beim Aufsetzen des Messers nicht allein die Schneidenkante, sondern zugleich mit ihr ein Großteil der Keilflächen zur Kraftübertragung herangezogen. Obgleich sich die Schnittkraft hauptsächlich über die Normalkräfte auswirkt, tritt kein voreilendes Spalten an der Schneidenkante ein, da die Normalkräfte lediglich örtliche Stauchungen im Schnittgut hervorrufen, die sich je nach der Festigkeit des Werkstoffs nur in geringen Grenzen weiter fortsetzen.

Der Schneidvorgang kann nun einmal durch Druck ausgeübt werden. Im Schnittwerkstoff tritt dann eine Quetschung ein, die zur Zerstörung des ganzen um die Schnittfläche herum liegenden Teilchenverbandes führt. Die Schnittfläche selbst wird unschön und rauh. Der zum Durchschneiden erforderliche Kraftaufwand ist unverhältnismäßig hoch.

Führt man den Schneidvorgang jedoch, wie es die Regel ist, ziehend aus, so wird in dem weichen elastischen Stoff die Trennung des festen Teilchenverbandes (z.B. beim Fleisch) durch die Sägenwirkung der Schneidenscharten herbeigeführt. Dies geschieht entweder durch Zerreißen der Stoffasern oder bei Trennung eines lockeren Teilchenverbandes (Brot) durch Beiseiteschieben und Abdrängen der kleinsten mechanisch teilbaren Stoffbestandteile.

Der Vorgang geht meist unter Bildung von "Stoffverschleiß" vor sich, sei es durch Mitnahme in den Schartenlücken oder durch Herausreißen bereits gelockerter Teilchen aus den Schnittflächen infolge rollender oder klemmender Reibung an den Messerflanken.

Dieses unterschiedliche Verhalten sämtlicher möglichen Schnittwerkstoffe kann bei der Klingenprüfung nicht berücksichtigt werden. Der zu wählende

Prüfwerkstoff muß in möglichst idealer Weise geeignet sein, eine Klinge abzustumpfen.

b) Anforderungen an den gesuchten Schnittwerkstoff

Um den Schnittwerkstoff in jeder Hinsicht für seine Aufgabe geeignet erscheinen zu lassen, muß er einige Anforderungen möglichst weitgehend erfüllen:

1) Es muß homogen sein

Er muß also in seinem ganzen Querschnitt eine chemisch und physikalisch gleichmäßige Beschaffenheit aufweisen. Er darf keine Dichteunterschiede und keine mineralischen Einschlüsse haben. Er darf keine besonders ausgeprägte Faserrichtung und keine bevorzugte Festigkeitsachse haben.

2) Er muß lagerbeständig sein

Er darf sich durch Lagerungseinflüsse nicht verändern. Normale Temperatur- und Feuchtigkeitsschwankungen der Luft dürfen keine meßbaren Einflüsse auf seine Schneidbarkeit ausüben können.

3) Er muß reproduzierbar sein

Er muß aus solchen Rohprodukten hergestellt sein, die bei Nachfertigungen in immer gleicher Beschaffenheit beziehbar sind.

4) Er muß billig sein

oder nach dem Verschnitt wieder regenerierbar (Umschmelzen).

Es kommen hauptsächlich drei Schnittwerkstoffe in Frage:

1. Metallfolien
2. Kunststoffe
3. Papiere.

Von der Untersuchung von Leder, Filz, Gummi usw. soll abgesehen werden, da diese Werkstoffe aus Kostengründen ausfallen.

c) Ergebnisse der Schneidversuche

Als Schnittwerkstoff mit den für den vorgesehenen Zweck günstigsten Eigenschaften wurde Manila-Karton 260, ein hochwertiges Preßpapier mit 40 % Holzschliff und 60 % Zellstoffgehalt, gefunden. Die Ergebnisse der umfangreichen Schneidversuche sind in der Originalfassung der vorgenannten Dissertation (28) (die im Leihverkehr der Bücherei der TH Braunschweig sowie an der Fachschule für Metallgestaltung und Metalltechnik in Solingen, erhältlich ist) nachzusehen.

2. Entwicklung zweier Verfahren zur zerstörungsfreien Keilwinkelmessung

a) Das Reflexions-Winkelmeßverfahren

In Ausnahmefällen, in denen die Klingendicke genau bekannt und das Verhältnis Keilflächenbreite / Klingendicke genügend groß ist (wie im Falle der Rasierklingen, vgl. S. 76), läßt sich die Größe eines Keilwinkels durch Ausmessen der Keilflächenbreite rechnerisch bestimmen (S. 31). In allen andern Fällen war bisher die Zerstörung der Klinge Voraussetzung für eine Winkelmessung.

Die Klinge wurde zerbrochen und das Schliffbild auf der Mattscheibe eines Mikroskops oder mittels drehbarem Fadenkreuzokular mit Gradeinteilung ausgemessen. Eine zerstörungsfreie Winkelmessung durch Schattenprojektion, wie sie in der Werkzeugindustrie zur Ausmessung von Zähnen und Gewindegängen üblich ist, führt bei Messerklingen zu keinem sicheren Erfolg, da sich wegen unregelmäßiger Schneidenausbildung und der räumlichen Tiefe des projezierten Profils keine scharfen und originalen Konturen abzeichnen können.

Mit dem für die durchgeführten Untersuchungen geschaffenen Reflexions-Winkelmesser nach Abbildung 13 läßt sich der Keilwinkel mit großer Genauigkeit messen. Seine Wirkungsweise beruht auf der teils gerichteten, teils diffusen Reflexion eines auf die Keilflächen geworfenen parallelen Lichtstrahlenbündels.

Das Messer wird in einer um 18o^{o} drehbar gelagerten Haltevorrichtung eingespannt und diese auf den Mikroskoptisch gesetzt. Okulare und Objektiv sind abgenommen, das Prisma ist herausgezogen. Durch Drehung des Messerträgers mittels Feintrieb wird die Klinge soweit gedreht, bis eine Keilfläche ihre stärkste Reflexion ausstrahlt. Ein mit dem Messerträger gekoppelter Zeiger zeigt auf einer Skala einen Winkelwert an, bei genau symmetrischem Keilwinkel also seine halbe Größe (Abb. 14). Die Messung wird an der andern Keilfläche wiederholt. Die Addition der beiden Anzeigen ergibt den Keilwinkel β, die Einzelmessungen erlauben eine Beurteilung der Symmetrie.

Der gesamte Reflexionsbereich erstreckt sich vom Aufkommen bis zum Abklingen der Reflexion über zwei Winkelgrade. Bei einiger Übung läßt sich jedoch der Moment der stärksten Reflexionsintensität leicht einstellen und der Ablesefehler in den Grenzen $\pm$ o,5° halten.

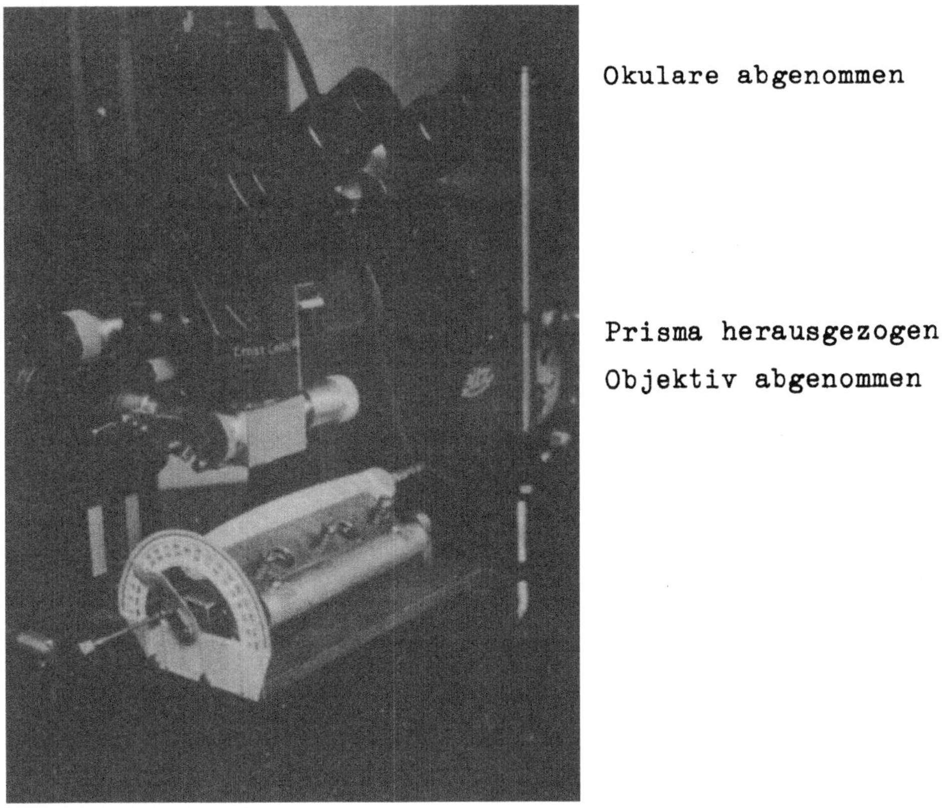

Abbildung 13
Der für die Versuche entwickelte Reflexions-Winkelmesser
zur Bestimmung der Keilwinkelgröße an Messern

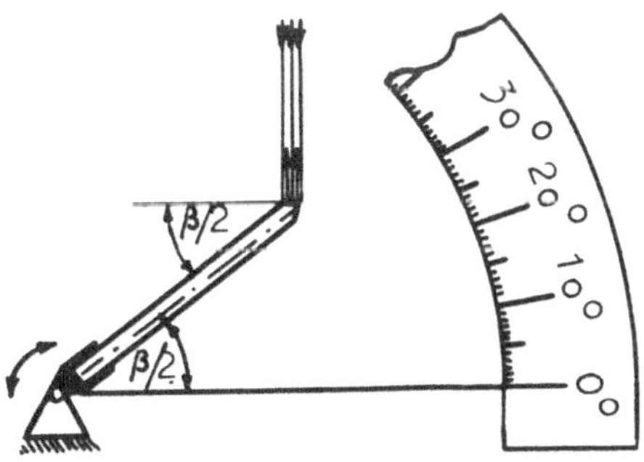

Abbildung 14
Schema der gerichteten Strahlenreflexion

Der Vorteil des Verfahrens liegt, abgesehen von der Zerstörungsfreiheit, in der Schnelligkeit und Einfachheit der Handhabung sowie in der verhältnismäßig großen Ablesegenauigkeit. Ein Nachteil kann darin gesehen werden, daß es lediglich die Messung der Keilwinkel<u>größe</u> gestattet, ohne die Art des Abzugs (Flach- oder Hohlschliff), die Keilflächenbeschaffenheit und die Schneidenabrundung zu erfassen.

b) Das Profil-Meßverfahren

Um die Faktoren, die durch den Reflexions-Winkelmesser nicht bestimmt werden können, auch zu erfassen, wurde ein zweites, wirksameres Verfahren entwickelt, das unter der Bezeichnung "Profil-Meßverfahren" eingeführt werden soll. Es erlaubt die exakte Ausmessung der Abrundungssehne a, der Abstumpfungshöhe Δ , und des Schneidenradius r, der Keilwinkelgröße β und der Keilflächenausbildung (Erläuterungen der Bezeichnungen a, r und Δ werden in Abschnitt V, 2. gegeben).

Die Schneide eines Messers wird etwa 2 mm tief in den Rand einer 1,5 mm dicken Weichbleifolie gedrückt und der Eindruck im durchfallenden Licht eines Panphots ausgemessen oder fotografiert. Um Aufweitungsfehler in der Folie zu vermeiden, müssen Klinge und Folie, um 9o^{o} gegeneinander gedreht, fest eingespannt und in spielfreier Führung gegeneinander bewegt werden. Für die getätigten Messungen (s. S. 41 u.a.) wurden die Bleifolien auf dem oberen Quersupport einer Präzionsdrehbank und die Klingen in die Planscheibe eingespannt und senkrecht ausgelotet.

Zur Bestimmung des diesem Verfahren eigenen relativen Fehlers wurden 26 Messungen durchgeführt (Tab. 1 und 2). Als Testkörper wurden a) eine Rasierklinge von o,115 mm Dicke (mikroskopisch ausgemessen) und b) eine Messerklinge von o,43o mm Dicke benutzt (gemessen über der Schneide).

Nach Durchsicht der Tabellen erscheint der absolute Fehler von Größe und Dicke des eingedrückten Profils unabhängig. Da er durchweg negativ ist, kann man als Ursache eine geringe elastische Nachgiebigkeit des Bleis annehmen. Die beiden aufgetretenen positiven Fehler sind in unsachgemäßem Eindrücken begründet.

Für Eindruckbreiten in der Größenordnung von Messerklingen liegt der durchschnittliche relative Fehler unter 1 % und darf bei der Auswertung vernachlässigt werden. Die ausreichende Genauigkeit des Verfahrens ist damit bewiesen.

Zur Veranschaulichung der Anwendung dieses Verfahrens werden nachfolgend einige Abstumpfungsgrade von zwei verschiedenen Messern untersucht.

Tabelle 1

Fehlerbestimmung des Profil-Meßverfahrens mit dünner Klinge

Original-Klingendicke o,115 mm

Lfde. Nr.	Profilbreite mm	absoluter Fehler mm	relativer Fehler %
1	o,113	- o,oo2	1,7
2	o,113	- o,oo2	1,7
3	o,113	- o,oo2	1,7
4	o,115	o	o
5	o,113	- o,oo2	1,7
6	o,113	- o,oo2	1,7
7	o,1o8	- o,oo7	6,1
8	o,113	- o,oo2	1,7
9	o,113	- o,oo2	1,7
1o	o,11o	- o,oo5	4,3
11	o,1o8	- o,oo7	6,1
12	o,113	- o,oo2	1,7
13	o,113	- o,oo2	1,7
14	o,11o	- o,oo5	4,3
15	o,115	o	o
16	o,117	+ o,oo2	1,7
Mittel	o,1125	- o,oo25	2,35

Größter relativer Fehler bei 16 Messungen: 6,1 %

Durchschnittlicher relativer Fehler: . . . 2,35 %

Größter absoluter Fehler: . . . . o,oo7 mm

Tabelle 2

Fehlerbestimmung des Profil-Meßverfahrens mit dicker Klinge

Original-Klingendicke o,43o mm

Lfde. Nr.	Profilbreite mm	absoluter Fehler mm	relativer Fehler %
1	o,424	- o,oo6	1,4
2	o,428	- o,oo2	o,5
3	o,424	- o,oo6	1,4
4	o,434	+ o,oo4	o,9
5	o,424	- o,oo6	1,4
6	o,43o	o	o
7	o,43o	o	o
8	o,43o	o	o
9	o,428	- o,oo2	o,5
1o	o,43o	o	o
Mittel	o,428	- o,oo2	o,6

Größter relativer Fehler bei 1o Messungen: . . . 1,4 %
Durchschnittlicher relativer Fehler: . . . . . . o,6 %
Größter absoluter Fehler: . . . . o,oo6 mm

Tabelle 3

Abrundungssehnen a und Abstumpfungshöhen Δ bei vier verschiedenen Abstumpfungsgraden einer Klinge A

Abbildung 15	a_1 = o,oo25 mm	Δ_1 = o,oo46 mm
Abbildung 16	a_2 = o,o125 mm	Δ_2 = o,o233 mm
Abbildung 17	a_3 = o,o25 mm	Δ_3 = o,o465 mm
Abbildung 18	a_4 = o,o52 mm	Δ_4 = o,o97 mm

Tabelle 4

Abrundungssehnen a und Abstumpfungshöhen Δ bei vier verschiedenen Abstumpfungsgraden einer Klinge B

Abbildung 19	a_1 = o,o2 mm	Δ_1 = o,o372 mm
Abbildung 2o	a_2 = o,o4 mm	Δ_2 = o,o744 mm
Abbildung 21	a_3 = o,o5 mm	Δ_3 = o,o933 mm
Abbildung 22	a_4 = o,o8 mm	Δ_4 = o,1493 mm

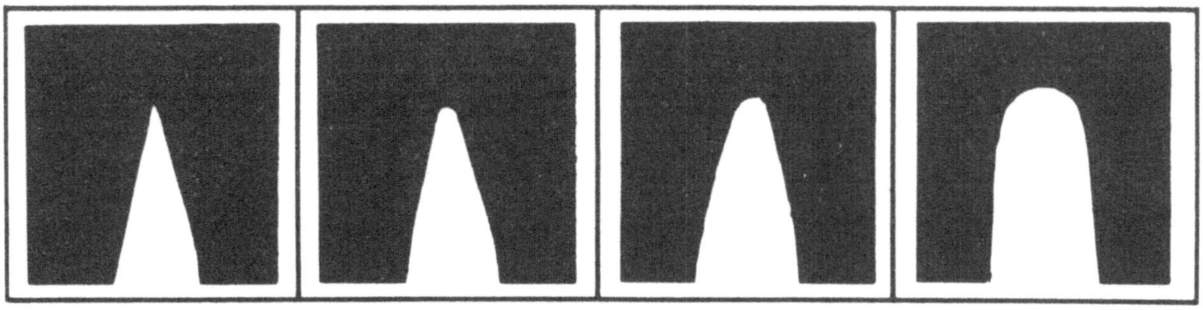

Anwendung des Profil-Meßverfahrens auf die Bestimmung der Sehne a der mittleren Schneidenabrundung einer Tafelmesserklinge A

Keilwinkel $\beta = 30^{0}$ Vergrößerung: x 2oo

Abbildung 15	Abbildung 16	Abbildung 17	Abbildung 18
Klinge scharf	nach der 18. Umdrehung der Walze des Schneiden-prüfgeräts	nach der 49.Umdrehung	vollständige geometrische Abstumpfung nach der 2o5.Umdrehung

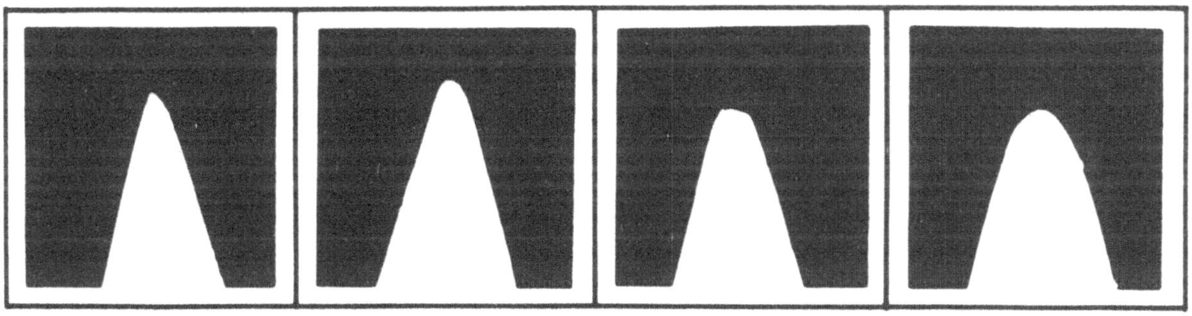

Vier Stumpfungsgrade einer Klinge B

Keilwinkel $\beta = 30^{0}$ Vergrößerung: x 1oo

Abbildung 19	Abbildung 2o	Abbildung 21	Abbildung 22
Klinge scharf	nach der 18.Umdrehung	nach der 49.Umdrehung	nach der 18o.Umdrehung

Eine Klinge A wurde bei 4 Stumpfungsgraden (Abb. 15 bis 18) untersucht. Die Abrundungssehne a wurde ausgemessen und die zugehörige Abstumpfungshöhe Δ wurde jeweils aus der Beziehung errechnet:

$$\Delta = \frac{a}{2} \cdot \text{cotg}\, \frac{\beta}{2}$$

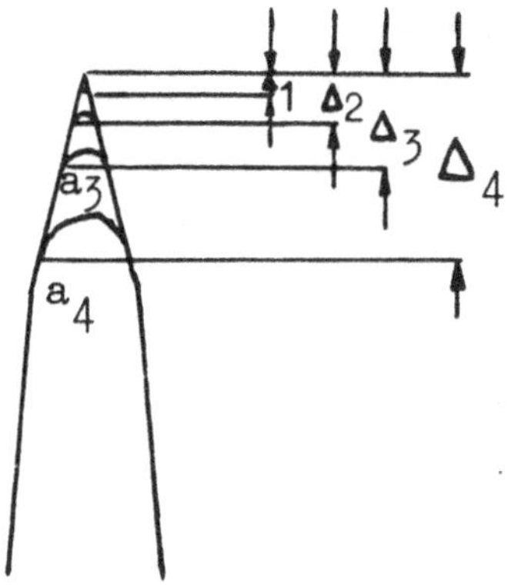

A b b i l d u n g 23

Aus Abbildungen 15-18

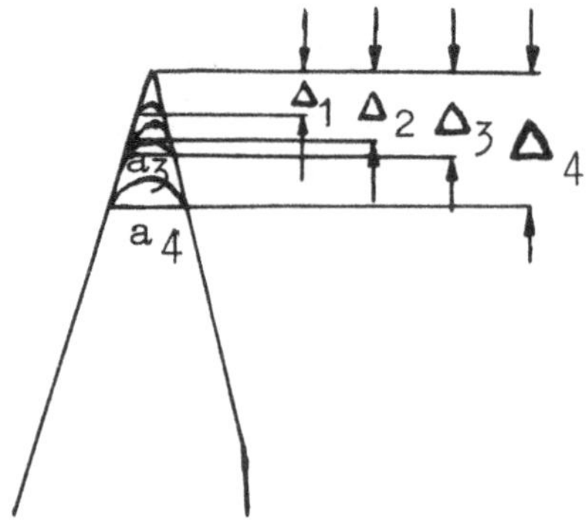

A b b i l d u n g 24

Aus Abbildungen 19-22

Zeichnerische Lösung zur Ermittlung der Abstumpfungshöhen Δ durch Zusammenzeichnen von Profilfotos

Die Werte sind in Tabelle 3 (S. 4o) zusammengefaßt und an anderer Stelle (28) nochmals ausgewertet. Tabelle 4 (S. 4o) enthält die entsprechenden Werte einer Klinge B, deren vier untersuchte Zwischenzustände als Profilfotos in den Abbildungen 19 bis 22 dargestellt sind.

Unter Verwendung der Profilfotos kann nun auf transparentem Papier eine Zusammenzeichnung der Schneidenquerschnitte angefertigt werden, die den fortschreitenden Abnutzungsgrad der Schneide aufzeigt. Abbildung 23 zeigt die Zusammenzeichnung der Abbildungen 15 bis 18, Abbildung 24 die der Abbildungen 19 bis 22. Diese zeichnerische Lösung muß natürlich mit den errechneten Δ -Werten übereinstimmen und kann als Kontrolle dienen.

c) Die Anwendung des Profil-Meßverfahrens auf die Bestimmung der Sehne a der mittleren Schneidenabrundung im Vergleich zur Dawihl'schen Methode

W. DAWIHL empfiehlt eine Methode zur Bestimmung der Sehne a der mittleren Schneidenabrundung durch Ausmessen der im auffallenden Licht diffus reflektierenden Schneidenkantenbreite (25). Inwieweit die geringe Genauigkeit dieser Methode bei der Ausmessung der durchweg wesentlich größeren Keilwinkel an Drehmeißelschneiden tragbar ist, wurde in diesem Zusammenhang nicht nachgeprüft. Für die Messung der Schneidenbreite einer Messerklinge führt die Dawihl'sche Methode jedoch zu völlig falschen Ergebnissen.

Diese Lücke in der Meßtechnik kann nun durch das hier angegebene Profil-Meßverfahren geschlossen werden, wie im letzten Abschnitt gezeigt wurde.

Abbildung 25
Nach PMV: a = 0,032 mm

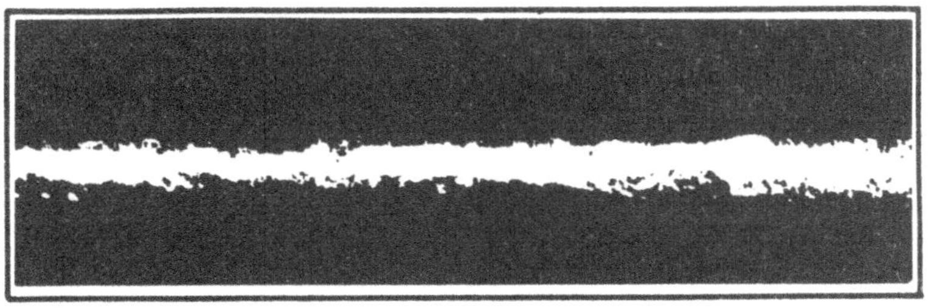

x 270

Abbildung 26
Nach DAWIHL: a = 0,023 mm

Abbildung 27
Nach PMV: a = 0,110 mm

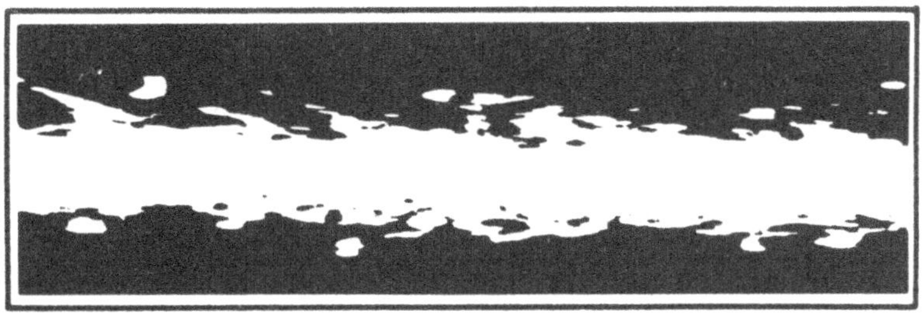

x 270

Abbildung 28
Nach DAWIHL: a = 0,062 mm

Der objektive Meßfehler des Verfahrens erwies sich als vernachlässigbar klein. Vergleichsmessungen, die am selben Objekt nach dem Dawihl'schen Verfahren durchgeführt wurden, lassen erkennen, daß diese Werte durchweg 50 - 60 % kleiner als die nach dem Profil-Meßverfahren (P.M.V.) ermittelten ausfielen. Allerdings muß eingeräumt werden, daß auch das Profil-Meßverfahren noch die Möglichkeit subjektiver Fehler enthält, da zur Bestimmung von a der Beginn der Krümmung nicht eindeutig feststellbar ist. Die folgenden Messungen zeigen aber, daß das Profil-Meßverfahren eine wesentliche Verbesserung gegenüber der Dawihl'schen Methode darstellt.

Für Vergleichsmessungen wurden 2 Klingen herangezogen und bei verschiedenen Stumpfungsgraden untersucht. Die Sehne a der mittleren Schneidenabrundung wurde einmal nach dem Profil-Meßverfahren und ein zweites Mal nach der Dawihl'schen Methode bestimmt (nach dem letzteren wird die Klinge waagerecht auf dem Mikroskoptisch eingespannt, Schneide nach oben, und die mittlere reflektierende Breite fotografiert und ausgemessen).

In den nachfolgenden Gegenüberstellungen (Abbildungen 25 bis 28) wird dem Betrachter die richtige und falsche a-Bestimmung aufgezeigt, weitere Beispiele siehe (28). Es wird vorgeschlagen, für Keilwinkeluntersuchungen an Messerklingen die Dawihl'sche Methode durch das Profil-Meßverfahren zu ersetzen!

3. Abziehvorrichtung zum Keilwinkel-Anschliff an Klingen mit gerader und gekrümmter Wate

Die Schwierigkeit, auf den handelsüblichen Abziehmaschinen Messer mit gekrümmter Wate winkelgerecht abzuziehen, wurde bereits betont. Da die Keilwinkelgröße aber ein Prüfergebnis wesentlich beeinflußt, wurde zunächst nach einem Weg gesucht, die für die Versuche benötigten Klingen verläßlich mit reproduzierbaren, vom Kropf bis zur Spitze hin gleichen Winkeln abzuziehen. Vorhanden war eine Wichelhaus'sche Abziehmaschine. Sie arbeitet in der Weise, daß ein Messer mit der Schneide nach oben auf einem Schlitten eingespannt wird und zwischen 2 gegenläufig rotierenden Schleifscheiben hin- und herbewegt wird, wobei die Klingenflanken wechselseitig angelegt und abgezogen werden.

Der Nachteil dieses Verfahrens ist, daß durchlaufend winkelgerecht nur liniengerade Waten abgezogen werden können, und daß ein eingestellter Keilwinkel durch Verschiebungen in der Einspannhöhe des Messers wieder verfälscht wird.

Die Maschine wurde durch einen kleinen Umbau zweckmäßig geändert. Eine Scheibe wurde ausgebaut und anstelle der Klingenspannvorrichtung eine Auflagevorrichtung angebracht (Abb. 29), die die Schleifscheibe gabelartig umschließt (a). Mittels einer Stellschraube (b) läßt sie sich auf jeden beliebigen Anstellwinkel fest einrichten. Der vom Gabelblech und der Tangente t im Schnittpunkt gebildete Winkel ist der halbe Keilwinkel,

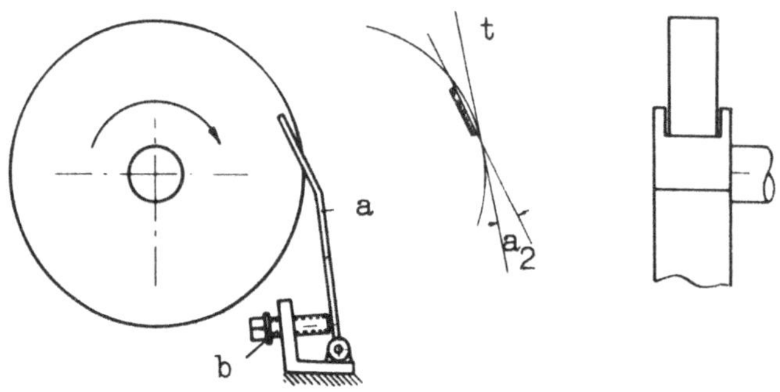

A b b i l d u n g 29

Schematische Skizze der umgebauten Keilwinkel-Abziehmaschine wenn man von der Keilform des Klingenblattes absieht. Bei der Größe des Scheibendurchmessers (300 mm) und einer Keilflächenbreite von durchschnittlich 0,4 mm kann der Abzug, der streng genommen ein Hohlschliff ist, in Annäherung als Flachschliff angesehen werden.

Die Klinge wird von Hand über das Gabelblech geführt, wobei das Schleifgeräusch eine sichere akustische Kontrolle für gleichmäßige Anpreßkraft ist. Eine mit dem Reflexions-Winkelmesser vorgenommene Nachprüfung des Keilwinkels an 20 Klingen zeigte, daß die Fehlergrenze dieser Abziehart (auch bei gekrümmten Waten) bei $\pm$ 0,5° liegt (außerdem wird der Konizität des Klingenblatts Rechnung getragen, was vorher nicht der Fall war).

IV. Entwicklung eines Schneiden-Prüfgeräts

1. Prüfverfahren

a) Möglichkeiten einer Verbesserung des Hubzählverfahrens?

Die Prüfung der Schneideigenschaften von Messerklingen wurde bis heute nach dem Hubzählverfahren durchgeführt. Dazu wurde das in Abbildung 7 abgebildete und auf Seite 22/23 beschriebene Prüfgerät von W. KNAPP in der vorerwähnten Weise benutzt. Als Schnittwerkstoff wurde schon damals Manilakarton verwandt, der sich auch in den vom Verfasser durchgeführten Schneidversuchen wiederum als das mit den besten Eigenschaften ausgestattete Material erwies (28).

Die charakteristischen Merkmale der Prüfung nach KNAPP sind: Konstante Schnittkraft infolge gleichbleibender Gewichtsbelastung, gleichförmige sinusartige Schnittgeschwindigkeit und mit fortschreitendem Stumpfungsgrad abnehmende Schnittiefe je Hub.

Die Ergebnisse der Prüfung wurden lange Zeit als brauchbar angesehen. Der entscheidende Nachteil, der das Gerät keinen Eingang in die Industrie finden ließ, wurde lediglich in einer unverhältnismäßig langen Prüfdauer gesehen. Erst nach einem Vergleich mit Prüfkurven, die mit dem neuen Gerät aufgenommen wurden, zeigte sich, daß die bei dieser schon als untragbar bezeichneten Dauer erhaltenen Ergebnisse noch keineswegs ein verläßliches Kriterium für die geprüfte Klinge lieferten.

Die erneute Stellung der alten Aufgabe, ein einwandfreies, brauchbares Prüfverfahren zu entwickeln, ließ zunächst die Frage auftreten, ob das vorhandene Gerät selbstätiger gestaltet und die Prüfdauer herabgesetzt werden können.

b) Entwicklung eines neuen Verfahrens

Um zu der gewünschten Kurzzeitprüfung zu kommen, soll daher ein ganz neuer Weg eingeschlagen werden, und zwar durch Anwendung konstanter Schnittgeschwindigkeit und konstanter Schnittiefe. Als Maßstab für die Abstumpfung soll die Schnittkraft dienen. Schnittkraftmessungen sind bei der Prüfung von Drehmeißelschneiden seit langem üblich, wenn auch nicht gerade zur Standzeitermittlung.

In der Praxis ist der Schneidvorgang bei Maschinenmessern dem letztgenannten Prinzip gleich. Der Schneidvorgang beim Handmesser nimmt zwischen beiden eine Mittelstellung ein. Wird ein Handmesser stumpf, steigert man in der Regel Schnittkraft und Schnittgeschwindigkeit.

Soll beim Prüfgerät der Schneiderfolg in gleichen Zeiten derselbe bleiben, muß also entweder die Schnittgeschwindigkeit oder die Schnittkraft erhöht werden. Der einfachere Weg ist die Kraftsteigerung. Das soll in dem geplanten Gerät dadurch erreicht werden, daß der Schnittwerkstoff in gleicher Dicke und mit konstanter Geschwindigkeit an die Klinge herangeführt wird, was so verwirklicht werden kann, daß die Blocks am Umfang einer rotierenden Walze befestigt werden. Die Klinge selbst ist zwangsgeführt, kann also nicht nach oben ausweichen. Diese Anordnung verursacht eine mit dem Abstumpfungsgrad steigende Schnittkraft, die von der Klingenhaltevorrichtung und der Werkstoffzuführung aufgenommen werden muß. Die Schnittkraft wird somit zum Maßstab für Schneidfähigkeit und Standfähigkeit.

Da die Schnittkraft nach dem Newton'schen Reaktionsgesetz gleichermaßen auf Klinge und Schnittwerkstoff bzw. dessen Unterlage wirkt, wäre eine Messung der Kraft an beiden Teilen denkbar. Vom Gesichtspunkt der Zweckmäßigkeit aus wird die Messung in den ruhenden Teil, also in die Klingenhaltevorrichtung, gelegt. Die auf sie übertragene Kraft wird von einer Feder aufgenommen, die so dimensioniert wird, daß sie einerseits die notwendige Steifigkeit des Geräts nicht nachteilig beeinflußt, andererseits aber eine genügend große Auslenkung gestattet, die durch eine Messung erfaßt werden kann. Rechnet man im Verlauf einer Abstumpfung mit einem Schnittkraftanstieg bis auf maximal 5o kg, so muß die Federberechnung so erfolgen, daß die Klinge unter dieser Schneidenbelastung höchstens um

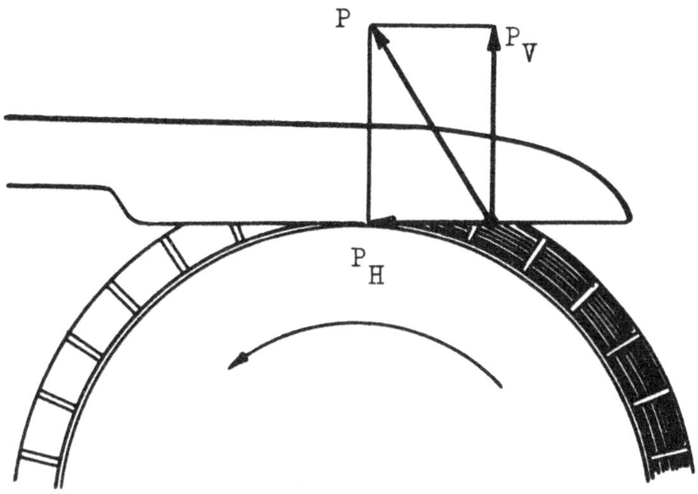

A b b i l d u n g 30
Die Lage der Schnittkraft und ihre Aufteilung in eine horizontale und eine vertikale Komponente

1/2 mm ausgelenkt werden kann, also um eine durchschnittliche Watenhöhe. Bei dieser Überlegung bestanden bereits bestimmte Vorstellungen von der Lage der Wate in bezug auf die unterste Folie des Kartonblocks.

Die Messung einer für moderne Meßmittel als groß zu bezeichnenden Auslenkung von 500 μ ist auf mehrere Arten möglich. Sie kann induktiv, kapazitiv, piezoelektrisch, magnetoelastisch oder mittels Dehnmeßstreifen oder ähnlicher Geber erfolgen. Nach eingehender Abwägung mehrerer Möglichkeiten (26) wurde der elektrischen Messung auf induktiver Basis der Vorrang gegeben.

Die Schnittkraft wird, da sie schräg im Raum steht, meßtechnisch in eine horizontale und eine vertikale Komponente zerlegt, so daß in beiden Richtungen Auslenkmöglichkeiten, Federn und Geber erforderlich werden. Die evtl. Notwendigkeit, beide Komponenten zu ihrer Resultierenden zusammenfassen zu müssen, muß später erwogen werden.

2. Erste Gestaltung des Geräts

Bei der Gestaltung des Meßgeräts mußten an Anforderungen in die Planung einbezogen werden:

1) Kurzzeitige Abstumpfung der Klinge und damit kleine Meßzeiten
2) Einfache Bedienbarkeit und Störfreiheit gegenüber äußeren wie auch Strom- und Spannungseinflüssen.

3) Kleine Meßwege zur Erhaltung der Steifigkeit des Geräts und zur Einhaltung der Meßbedingungen.
4) Die Anzeigeträgheit muß dem Ziel der Auswertung angepaßt sein.

Zur Verwirklichung des ersten Punktes wurde eine konstante Schnittiefe für unumgänglich erachtet. Sie kann nur erzielt werden, wenn die Schnittkraft im Verhältnis der Abstumpfung steigt. Konstante stetige Schneidaufgabe ist weitere Vorbedingung. Um den Schneidvorgang kontinuierlich zu gestalten, wurde er an den Umfang einer rotierenden Walze gelegt. Eine Hubbewegung hätte die bekannten Vorschubschwierigkeiten mit sich gebracht.

In einen stählernen Walzenkörper (seigerungsfreier Schleuderguß) von 200 mm Länge und 30 mm Wanddicke wurden auf ganzer Länge 32 Nute von 10 x 5 mm^2 Querschnitt eingefräst, die zur Aufnahme der Folienpakete dienen. In den Nutgrund wiederum wurden mittels Scheibenfräser 32 Schlitze von 5 mm Breite und 170 mm Länge gefräst, in die von ihnen her 32 Vorschubstifte eingreifen. Sie sind am Umfang eines Vorschubrades eingeschraubt. Die Stifte schneiden mit 2/10 mm Minustoleranz mit den oberen Kanten der Schnittwerkstoffnute ab. Zum Walzenkörper gehören 2 Stützräder, deren hinteres für den Antrieb als Kettenrad ausgebildet wurde.

Die Walze, und darin das Vorschubrad, laufen auf einer feststehenden Achse, deren Mittelteil als Gewindespindel mit metrischem Feingewinde 3 ausgebildet ist. Das Gewinde verleiht dem Vorschubrad und damit den Streifenblocks einen stetigen Vorschub von 1,5 mm je Umdrehung.

Zum Anschließen der Nute nach außen wurde ein perforiertes Zinkblech um die Walze gelegt.

Die Klingenhaltevorrichtung wurde in einem Bügel aus NP 8 hineingebaut (Abb. 31 und 32), der in einer Gelenkstütze kugelgelagert ist und dessen anderes Ende auf einer Raststütze ruht. Zur horizontalen Verschiebbarkeit wurden die Spannbacken, die der Aufnahme der Prüfklingen dienen, an zwei Kugelführungen für Längsbewegung aufgehängt, die eine reibungsarme waagerechte Verschiebbarkeit zulassen. Bei waagerechtem Kraftangriff drückt die Klingenhalterplatte gegen eine Stabfeder (Abb. 33). Der Federweg wird gemessen.

Um beim Schneiden eine Reibung der konischen Klingenflanken am stehenbleibenden Material zu verhindern, wird die Klinge unter einem Neigungswinkel von 5° eingespannt.

Erste Gestaltung des Schneiden-Prüfgeräts

A b b i l d u n g 31
Provisorischer Zusammenbau. Draufsicht

A = ummantelte Schlitzwalze
B = Meßbügel mit Klingenhalter
C = Gelenkstütze
D = Raststütze
E = Antriebmotor
F = Reibradgetriebe
G = Schneckengetriebe
H = Polwechselschalter

A b b i l d u n g 32
Vorderansicht mit Klingeneinspannung

Mechanische Messung der Schnittkräfte

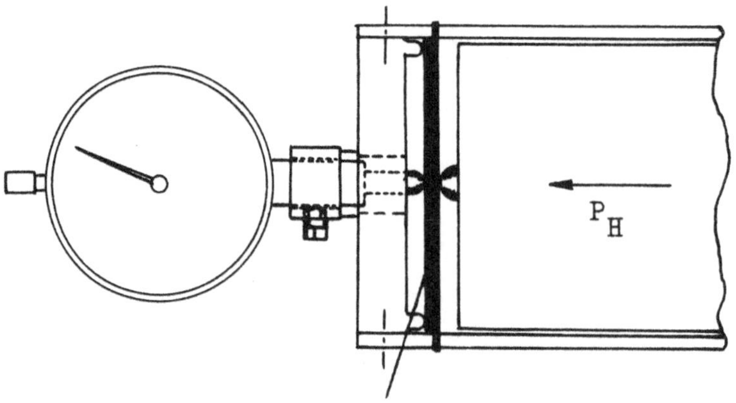

Rechteck-Stabfeder

A b b i l d u n g 33

Horizontalkraftmessung (schematisch).

Ermittlung der Federdurchbiegung mittels Meßuhr

Die Klinge schneidet nun den Karton dort, wo die Folienblocks aus den Nuten austreten, waagerecht an. Der durch den Vorschub von 1,5 mm je Walzenumdrehung auf die Klinge ausgeübte Seitendruck wurde durch Schrägstellung der Klinge um 0° 14' zur Achsennormalen wirkungslos gemacht. Dieser Winkel entspricht der auf den halben Umfang bezogenen Steigung des Spindelgewindes.

Der Antrieb erfolgte von einem 1/2 PS-Elektromotor über ein Schneckengetriebe und ein stufenlos regelbares Reibgetriebe. Mittels Polwechselschalter konnte die Walze auf Rücklauf geschaltet werden. Eine stetige Geschwindigkeitsänderung war möglich von 2 bis 1o Walzenumdrehungen je Minute.

3. Vorversuche und Auswertung der Erfahrungen

Über Einzelheiten der Konstruktion des Geräts, die zahlreichen Vorversuche und die vielfachen Umgestaltungen, die bis zur Versuchsreife des Prüfgeräts notwendig wurden, soll an dieser Stelle hinweggegangen werden. Sie sind in der vorgenannten Dissertation nachzulesen.

Dasselbe trifft auf die Messung der Schnittkräfte zu. Sie wurde zunächst mechanisch vorgenommen (Abb. 34 und 35) und nach Bewährung dieser Anordnung elektrisch durchgeführt, und zwar durch Anwendung eines Induktions-Meßkreises.

A b b i l d u n g 34

Messung der Horizontalkomponente P_H

A b b i l d u n g 35

Messung der Vertikalkomponente P_V

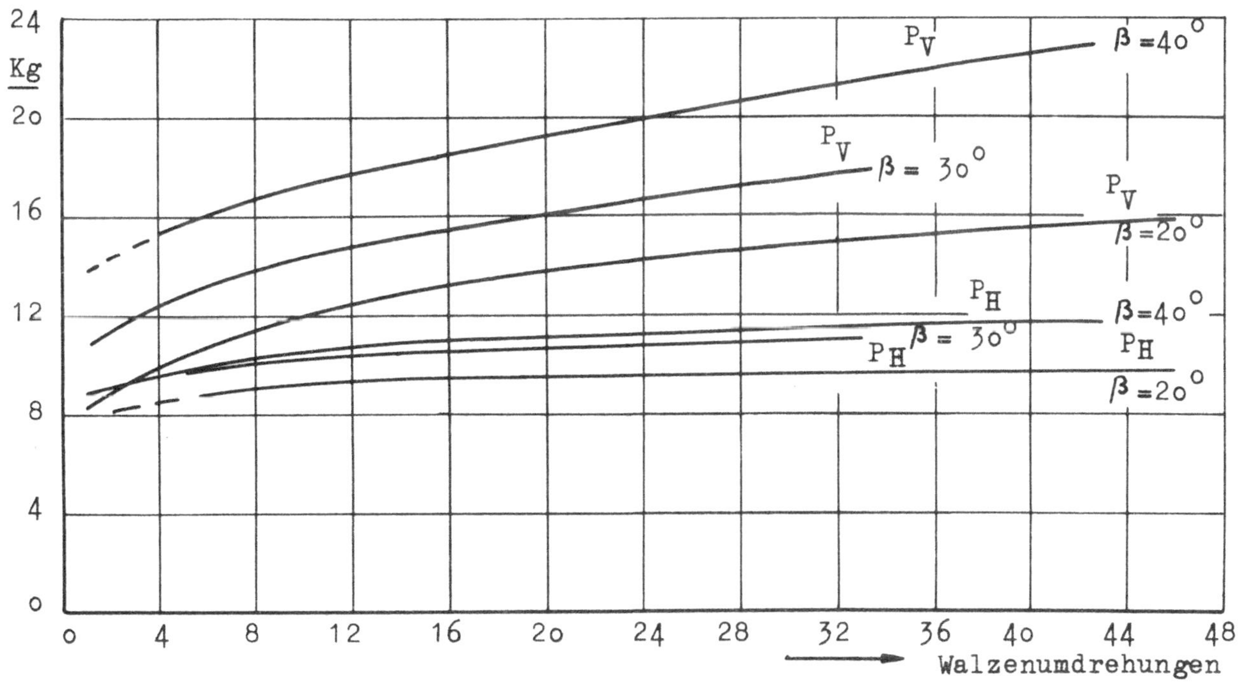

A b b i l d u n g 36

Schnittkraftmessungen bei verschieden großem β

Zum Beweis des mit dem neuen Gerät erzielbaren zeitlichen Fortschritts wurde eine Vergleichsmessung zwischen dem alten Gerät (Abb. 7) und dem

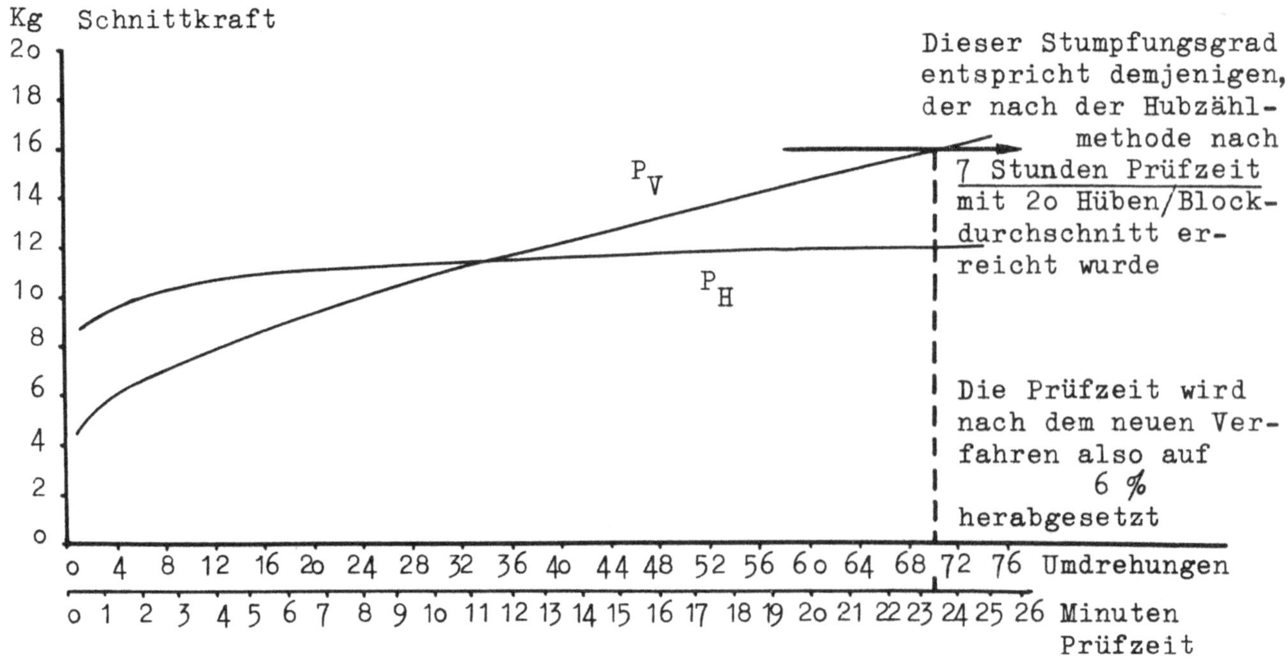

A b b i l d u n g 37

Zeitvergleich zwischen altem und neuem Verfahren

neuen durchgeführt (Abb. 37). Eine scharfe Tafelmesserklinge ergab im neuen Gerät bei der ersten Walzenumdrehung eine Schnittkraftanzeige von P_V = 4,5 kg und P_H = 8 kg. In diesem Schneidfähigkeitsgrad zerteilte sie anschließend auf dem alten Gerät einen Block in 2 Hüben. Sie wurde dort bis auf 2o Hübe/Blockdurchschnitt abgestumpft. Dieser Stumpfungsgrad entsprach auf dem neuen Gerät einer Schnittkraft von P_V = 16,2 kg und P_H = 11,7 kg. Für diese Prüfung wurde mit dem alten Gerät eine Zeit von 7 Stunden benötigt. Dieselbe Klinge wurde mit gleichem Keilwinkel nachgeschliffen und erreichte auf dem neuen Prüfgerät denselben Stumpfungsgrad nach 23 Minuten (nach der 7o. Walzumdrehung). Eine Prüfzeit von 23 Minuten beim neuen Gerät gegenüber einer Prüfzeit von 7 Stunden beim alten Gerät bedeutet eine Zeitverringerung um 94 % auf 6 %!

4. Messung der Schnittkräfte

a) Beschreibung des induktiven Meßteils

Die induktive Meßeinrichtung besteht aus einem Hochfrequenzgenerator, den Meßwertgebern, einem Verstärker, einem Amperemeter, einem schreibenden Anzeigengerät und einem Spannungskonstanthalter (Abb. 4o)

Für die Horizontal- und Vertikalkraftmessung wurden getrennte Geber eingebaut. Jeder Geber besteht aus 2 Messespulen mit je 8ooo Windungen, zwischen

Das Schneiden-Prüfgerät in der Ausführung, wie es
für die durchgeführten Versuche benutzt wurde
mit angebautem HF-Anzeige- und "Metrawatt"-Schreibgerät

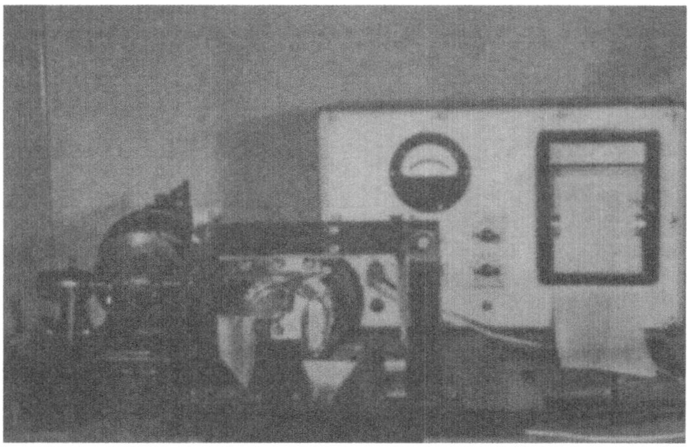

A b b i l d u n g 38

A b b i l d u n g 39

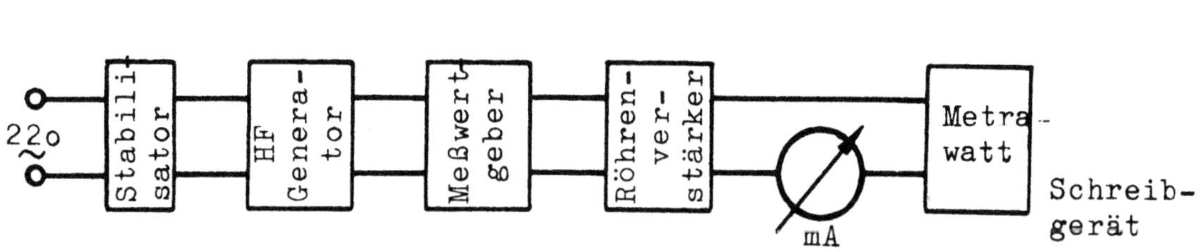

A b b i l d u n g 40
Schematischer Schaltplan des HF-Anzeige- und Schreibgeräts

denen eine Weicheisenzunge beweglich angeordnet ist. Diese Zunge steht in starrer Verbindung mit dem Klingenhalter und folgt jeder senkrechten bzw. waagerechten Auslenkung der Klinge. Der Geber für die Horizontalkraftmessung befindet sich am Ende der Klingenhalterplatte in Einspannhöhe des Messers und ist fest mit dem Bügel verbunden. Der Geber für die Vertikalkraftmessung ist im Fuß der Gelenkstütze eingebaut. Die Zunge ist an einem senkrechten vom Bügel abgespreizten Hebel angebracht und bewegt sich streng genommen auf einer Kreisbahn, die aber angesichts der geometrischen Verhältnisse praktisch im Auslenkbereich als gerade Strecke betrachtet werden darf.

Die beiden Meßwertgeber lassen sich wahlweise in eine Wheatstone'sche Brücke einschalten, die von einem bis zu 1o ooo Hz erzeugenden Wechselstromgenerator gespeist wird. Das Gerät hat einen Netzanschluß für 22o Volt Wechselstrom. Zur Konstanthaltung der Betriebsspannung ist ein Spannungsstabilisator Philips 85 A2 eingebaut.

Im Ausgang der Brücke liegen ein Ampèremeter und ein "Metrawatt" Drehspullinienschreiber, mit eingebautem Synchronmotor und regelbarem Papiervorschub.

Die vordere Gehäusewand enthält den Netzschalter, eine Kontrollampe und die Regelschalter für die Empfindlichkeitseinstellung (Meßbereich auf Skalenbreite) und die Nullpunktverschiebung. Siehe dazu Abbildungen 38, 39 und den schematischen Schaltplan Abbildung 4o.

b) Kurvenaufzeichnung und Auswertung

Durch das pulsierende Anschneiden der Blocks am Walzenumfang ist die Kraftanzeige nicht stetig, sondern sie erfolgt oszillierend mit der Frequenz der Blockschnitte. Bei einer Walzendrehzahl von 3,5 U/min beträgt die Schnittfrequenz 1,9/Sec. Da es bei der Prüfung nicht auf Kraftschwankungen irgendwelcher Art während des Blockdurchschnitts ankommt, sondern nur auf die Schnittkraftänderung je Walzenumdrehung mit 27 Blockdurchschnitten, ist eine gewisse Anzeigeträgheit erwünscht. So wäre es z.B. vorteilhaft, die Anzeigeträgheit so zu wählen, daß mit guter Genauigkeit der Mittelwert der während einer Walzenumdrehung auftretenden Kräfteschwankungen angezeigt wird.

Bei dem eingebauten elektrischen Meßgerät wurde die Anzeigeträgheit so gewählt, daß das Amperèmeter den Extremwerten der Schnittkraft bei jedem

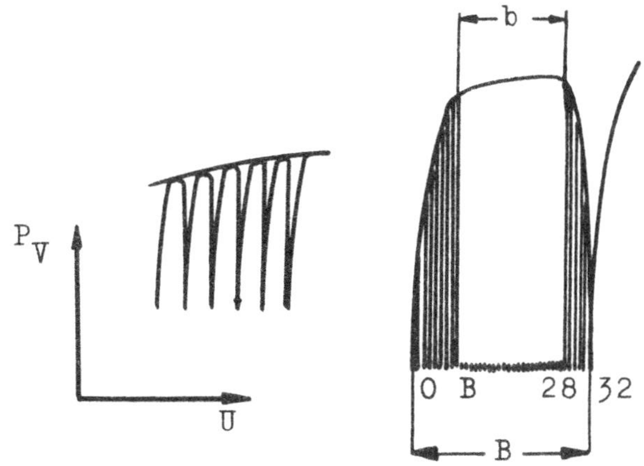

A b b i l d u n g 41
Schema eines mit Metrawatt-Schreibgerät aufgezeichneten Schnittkraft - Zeit - Diagramms.
Definition der Kopfbreite b und Fußbreite B

Blockdurchschnitt folgen kann und sie anzeigt. Es hat eine Eigenfrequenz von 1o Hz über die ganze Skalenbreite, ist also gut in der Lage, auch noch bei größerer Schnittgeschwindigkeit den Kraftverlauf zu erfassen, da in der Regel die Anzeigefrequenz mindestens das dreifache der zu messenden Schwingfrequenz betragen soll.

Das Metrawatt-Schreibgerät ist demgegenüber stark gedämpft. Es ist auf eine Frequenz von o,2/sec. über die ganze Skalenbreite (Hin- und Rücklauf) bezogen, eingestellt und ließe sich durch Überbrücken eines 1oo μF-Kondensators auf eine Frequenz von o,4/sec. steigern. Durch diese starke Dämpfung wird erreicht, daß die Schreibfeder beim Anschnitt nicht über den Mittelwert hinauseilt und beim Übergang von einem Block auf den nächsten keine Schwingung anzeigt, sondern in ruhiger Lage stehen bleibt. Ein Vergleich mit dem Ampèremeter beweist, daß die Schreibfederanzeige tatsächlich dem wirklichen Mittelwert entspricht.

Die fünf freigelassenen Nuten (Abb. 41, rechts Nut 28-32) geben der Feder gerade genügend Zeit, deutlich dem Nullpunkt zuzustreben, ohne ihn indessen zu erreichen. Dadurch läßt sich bei der Auswertung leicht die Anzahl der Umdrehungen nachzählen. Andererseits muß wegen der großen Trägheit des Schreibgeräts inkauf genommen werden, daß beim Neuanschnitt nach jeder Umdrehung schon 5 bis 8 Blocks durchschnitten sind, bevor die Feder wieder auf die richtige Anzeige einspielt (Abb. 41, rechts). Da zur Auswertung jedoch sowieso nur eine Kurve herangezogen wird, die durch bzw.

über die aufgezeichneten Mittelwerte gelegt wird, ist die Kopfbreite b (Abb. 41) der einzelnen Abschnitte von untergeordneter Bedeutung.

Es entsteht also eine regelmäßige unterbrochene Kurve. Die Unterbrechungen bedeuten die Anzahl der Walzenumdrehungen. Die Tendenz der Kurven unterscheidet sich nicht von jener der mit Meßuhren aufgenommenen. Auch hier steigt die Schnittkraft mit zunehmendem Stumpfungsgrad an. Nach unterschiedlichem Anfangsverlauf, der auch früher schon beobachtet und mit Gradeinflüssen erklärt wurde, nimmt die Kurve eine offenbar parabolische Gesetzmäßigkeit an, deren Bestätigung durch eine spätere Untersuchung erfolgte (28).

Der Kraftmaßstab wird nach entsprechender Eichung der Skala des Linienschreibers entnommen. Der Verlauf der Schnittkraft während der Abstumpfung läßt sich also wertmäßig festlegen und auf die Standzeit (Anzahl der Walzenumdrehungen) umlegen. Eine zahlenmäßige Festlegung von Kennwerten folgt in Abschnitt VI, 3.

Mit dem Gerät läßt sich sowohl die vertikale wie auch die horizontale Komponente der Schnittkraft aufzeichnen (Abb. 42 und 43). Die Kurven bestätigen wieder die schon früher getroffene Feststellung, daß der Kraftanstieg der vertikalen Komponente viel ausgeprägter zutage tritt als der der horizontalen Komponente, und daher besser zur Auswertung geeignet ist. Auf eine Hinzuziehung beider Komponenten kann bei Routineuntersuchungen verzichtet werden, da die Horizontalkraftänderung keine zusätzlichen Merkmale aufweist, die eine Mitheranziehung rechtfertigen würde.

c) Eichung

Die Skala des Schreibgeräts ist in 1o Abschnitte unterteilt. Die ganze Skalenbreite entspricht einer Stromänderung von 1 mA. Die Abstände zwischen den Einheiten sind der Eigenart derartiger Geräte entsprechend verschieden groß, so daß auch eine Skalenteilung im Kraftmaßstab keinen arithmetischen Gesetzen folgen könnte.

Zur Aufzeichnung einer Skala in kg Schnittkraft wurde das Gerät mittels statischer Gewichtsbelastung geeicht. Der Bügel wurde durch Anschrauben eines Eichhebels (Abb. 44) verlängert und kg-weise belastet. Infolge gleichlang gewählter Momentenhebel entsprach die Gewichtsbelastung der Schnittkraft, die dieselbe Federdurchbiegung bzw. die gleiche Induktivitätsänderung verursachte.

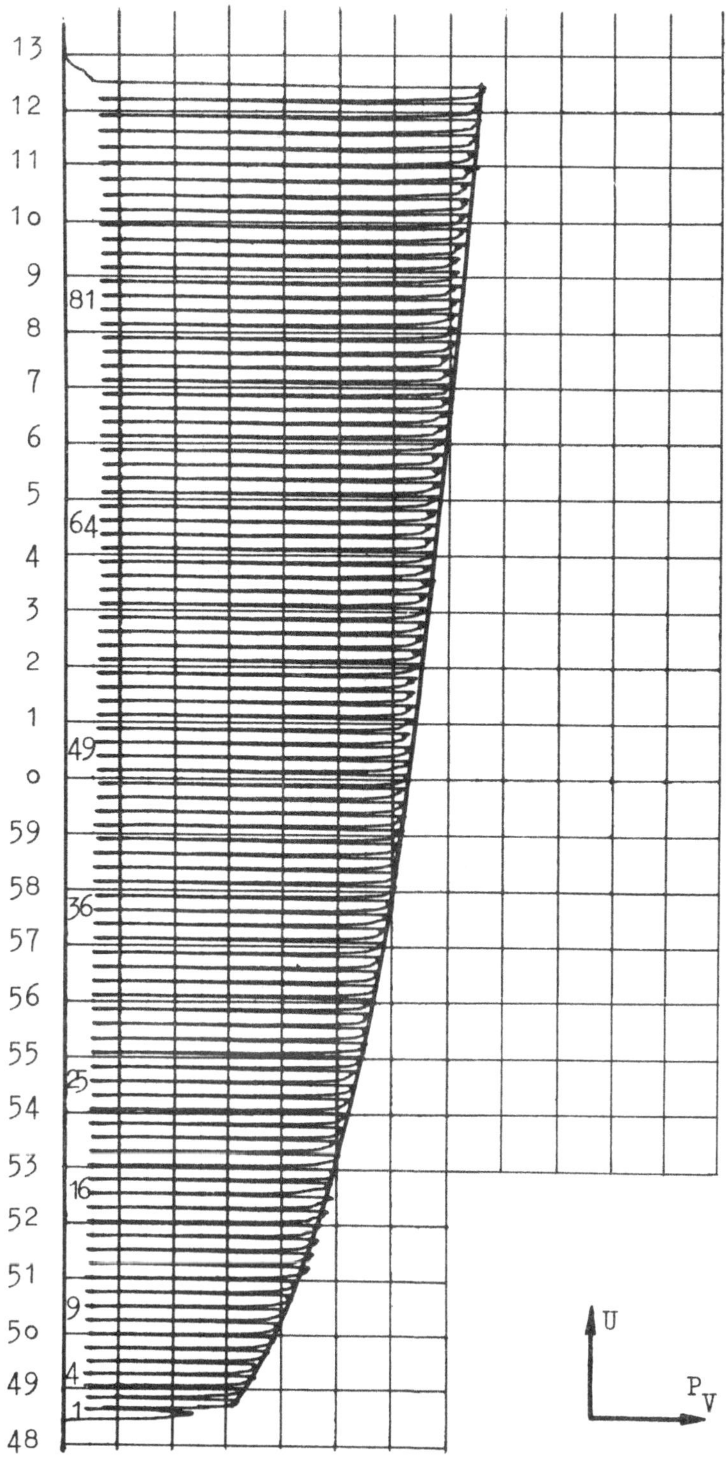

A b b i l d u n g 42

Messung der Vertikalkraft P_V

Aufzeichnung der Änderung der Schnittkraft während einer Schneidenprüfung

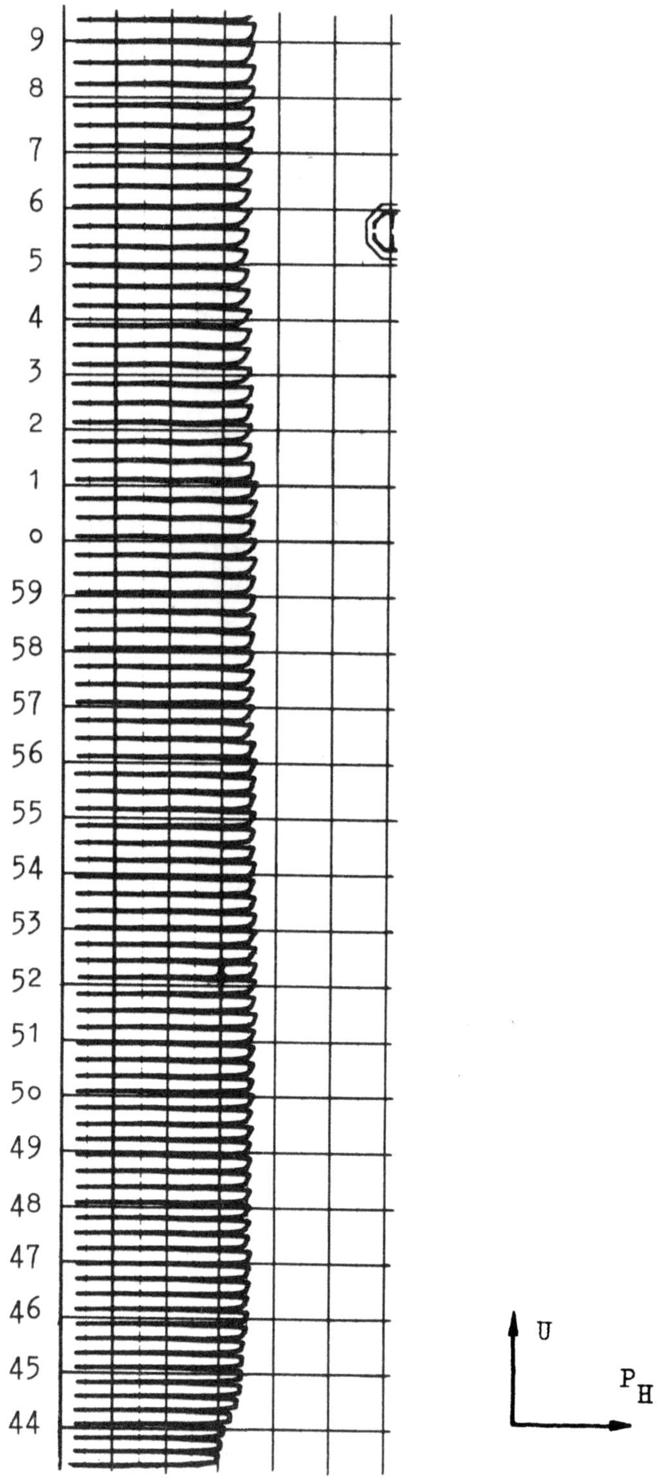

A b b i l d u n g 43

Messung der Horizontalkraft P_H

Nach anfänglichem Anstieg keine weitere Veränderung der horizontalen Komponente der Schnittkraft

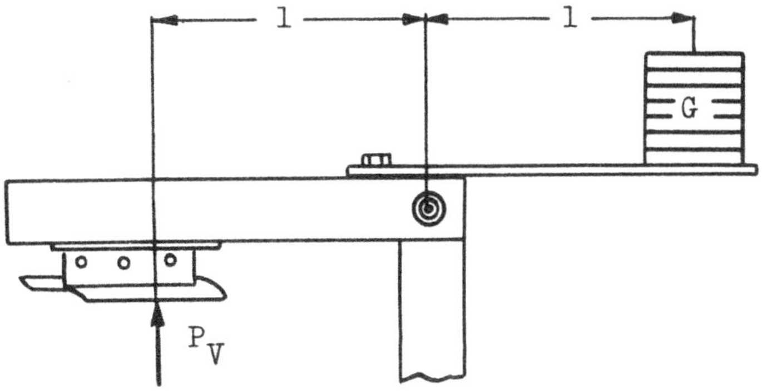

A b b i l d u n g 44

Eichung des Geräts durch kg-weises Aufbringen von Gewichten auf einen angeschraubten Eichhebel

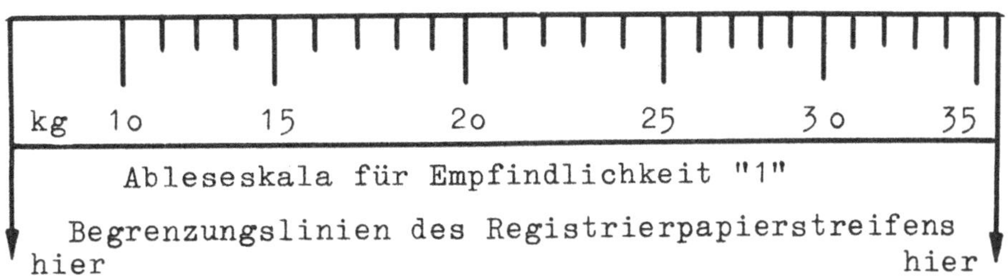

A b b i l d u n g 45

Eichskala in kg Schnittkraft für die Empfindlichkeitseinstellung "1"

Durch kg-weises Aufsetzen der Gewichte wurde eine Kräfteskala aufgezeichnet, die der Empfindlichkeitseinstellung "1" entspricht (Abb. 45). Die Auswertung der Kurven erfolgt in der Weise, daß die Skala mit dem Kräftemaßstab so auf den Registrierstreifen gelegt wird, daß Anfangs- und Endstrich der Skala mit den beiden Begrenzungslinien der Papierlängsteilung zusammenfallen.

Um für alle Schnittkraftbereiche jeweils die ganze Skalenbreite ausnutzen zu können, kann für jede andere Empfindlichkeitseinstellung auf gleiche Art eine entsprechend zugehörige Eichskala angefertigt werden.

Die Überprüfung der Eichung geschieht von Zeit zu Zeit durch Auflegen eines 2o-kg-Gewichtes auf den Eichbügel. Berichtigungen erfolgen durch Nachstellen der Regelschalter.

5. Verbesserte Ausführung des Geräts für den Serienbau

Unter Beibehaltung der bewährten Verfahrens- und Konstruktionsgrundlagen wurde das Schneidenprüfgerät für den Serienbau nochmals konstruktiv überarbeitet und mit technischen Verbesserungen neugebaut.

Die Walzenlänge wurde verdoppelt, um durchgehende Messungen mit mehr als 2oo Walzenumdrehungen zu ermöglichen oder mit einer Füllung zwei Klingen prüfen zu können. Die Manila-Kartonblocks haben nun eine Länge von 38o mm und sind zu je 2o Streifen an einem Ende verleimt, so daß das zeitraubende Abzählen der Streifen entfällt. Die Gewindespindel wurde hier als Hohlachse ausgebildet, in der axial verschieblich eine Schaltstange gelagert ist. Durch Auflaufen des Vorschubrades auf an beiden Spindelenden befindliche Nocken wird die Schaltstange bewegt, springt von einer Endstellung selbsttätig in die andere und unterbricht die Stromzuführung des Antriebsmotors. Dieser, ein Präzisions-Drehstrom-Getriebemotor mit einer Motordrehzahl von n = 28oo U/min und einer Motorleistung von 75 Watt, treibt die Walze über das eingebaute Doppel-Schneckengetriebe und ein Stirnradgetriebe im Vorlauf mit einer Walzendrehzahl von n = 3,4 U/min an. Unter Zugrundelegung einer rechnerischen maximalen Schnittkraft von 4o kg ergibt sich für das Motorritzel ein Drehmoment von M_t = 7o cmkg, für das der Motor ausgelegt ist.

Durch Aufsetzen des Motors auf eine Wippe wurde es möglich, Vor- und Rücklauf der Walze ohne Umkehr des Motordrehsinns durchzuführen, indem das Stirnradgetriebe in Wendeschalterbauweise ausgeführt wurde (Abb.46). Im Vorlauf kämmt das Motorritzel (1) mit dem Hauptrad (2). Durch Kippen des Motors um eine geringfügige Strecke wird der Eingriff der Räder (1) und (2) gelöst, und die Räder (3) und (5) über das Zwischenrad (4) durch Zahnkranzverschiebung zum Eingriff gebracht. Die Walze, auf der Hohlachse kugelgelagert, läuft dadurch mit 1o-facher Geschwindigkeit zurück.

Der Schaltvorgang geht so vor sich (siehe Abb. 47): Vorlauf: Der Schaltstromkreis (24 Volt) ist über folgenden Weg geschlossen: Walzenendschalter Stellung 2, Motorwippenschalter Stellung 3, Durcktastenschalter Stellung 7. Hat das Vorschubrad bei leer werdender Walze die vordere Endstellung erreicht, verschiebt es über die erwähnten Nocken die Schaltstange. Dadurch springt der Walzenendschalter schlagartig in Stellung 1. Der Schaltstromkreis ist nun unterbrochen, der Motor steht still. Eine Fehlschaltung ist jetzt ausgeschlossen, eine Betätigung des Drucktasten-

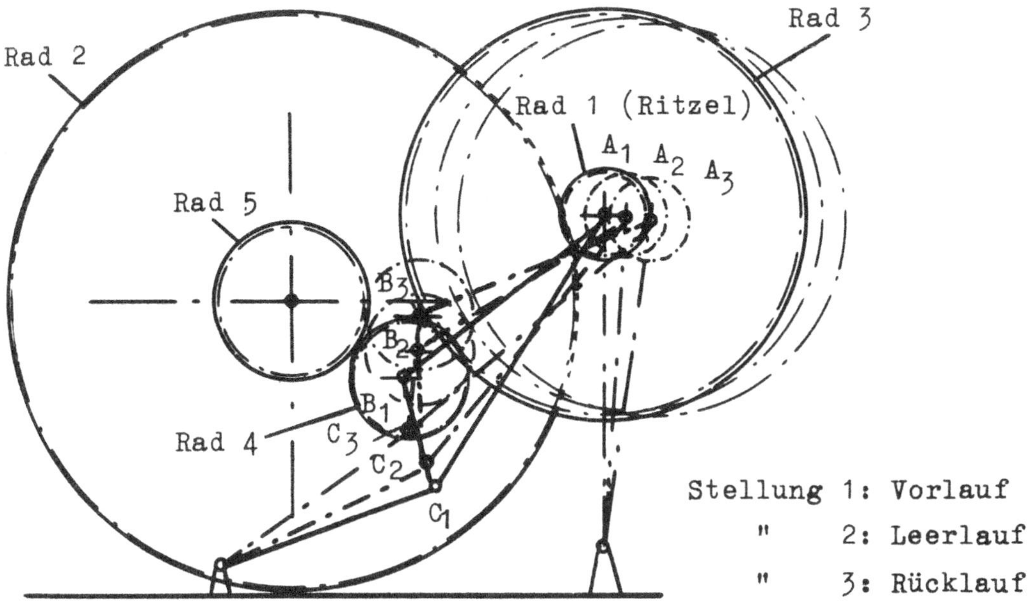

A b b i l d u n g 46

Stirnrad-Wendegetriebe des Schneiden-Prüfgeräts; Maßstab: 1 : 5

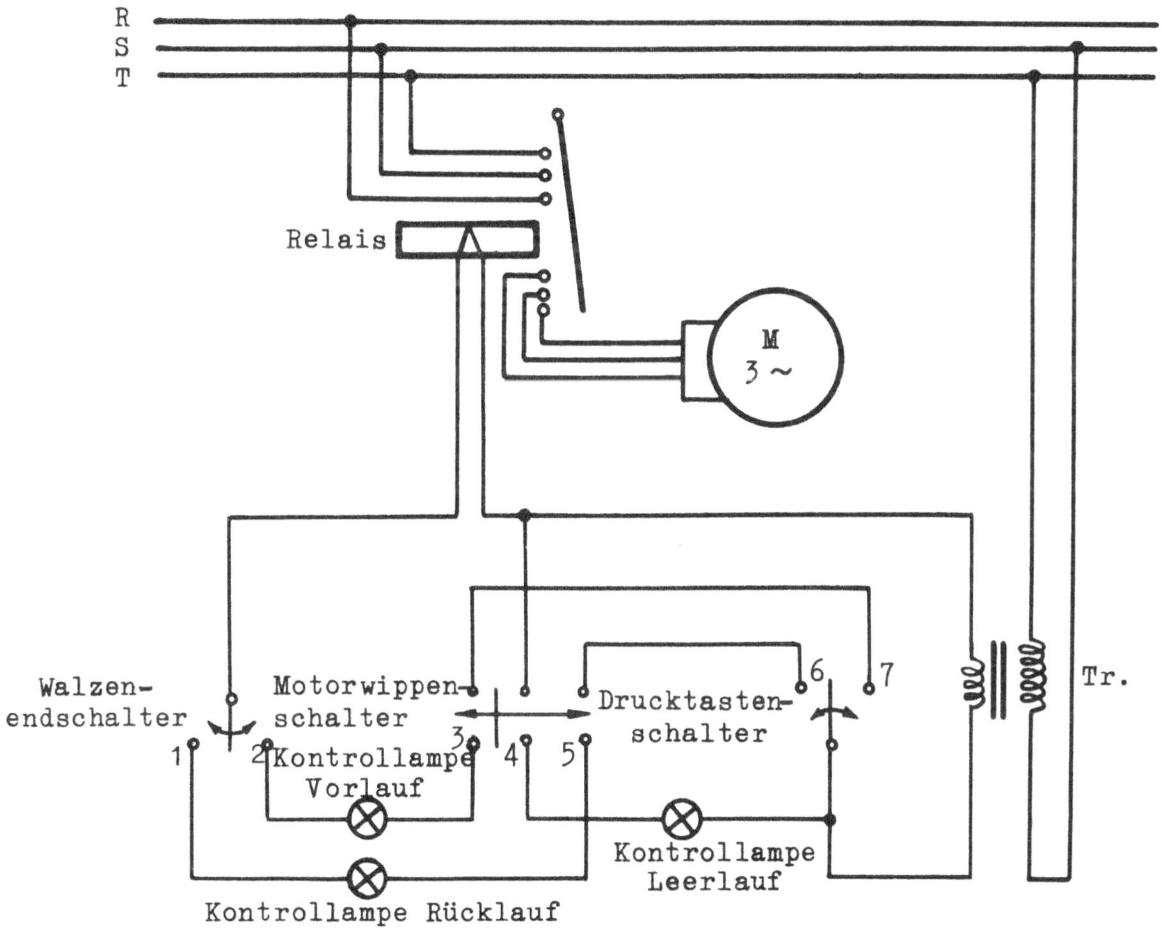

A b b i l d u n g 47

Elektrischer Schaltplan des Schneiden-Prüfgeräts. Schaltstromkreis 24 Volt

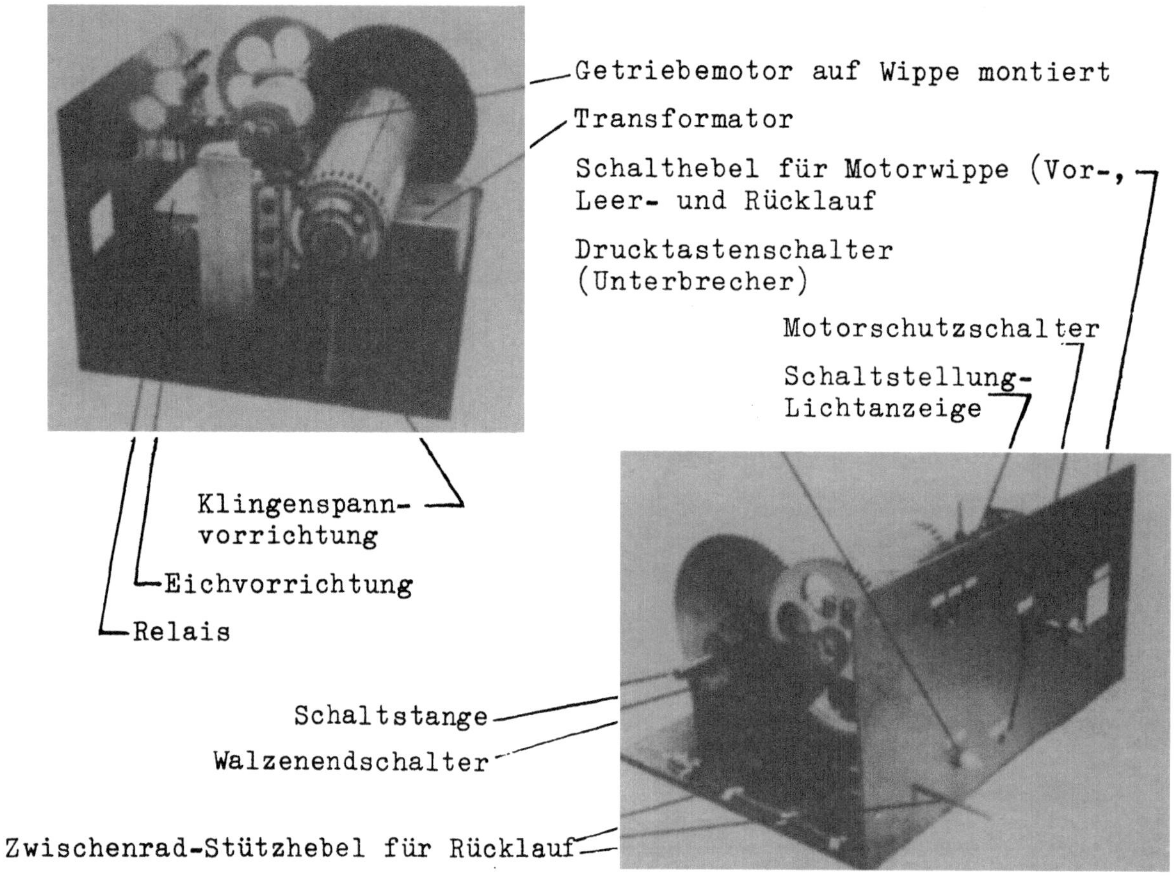

A b b i l d u n g 48

Gesamtansicht des Schneiden-Prüfgeräts in seiner endgültigen Gestaltung für den Serienbau

A b b i l d u n g 49

Einblick in das Gerät bei abgenommener Seitenwand

Schalters würde beispielsweise ohne Wirkung bleiben. Nun wird zunächst die Motorwippe über die Leerlaufstellung 4 (weder Vor- noch Rücklaufgetrieberäder im Eingriff) in Stellung 5 gebracht. Dadurch steht jetzt Rad (3) über Zwischenrad (4) mit Rad (5) im Eingriff. Durch Betätigen des Drucktastenschalters wird dieser in Stellung 6 gebracht. Der Schaltstromkreis ist wieder geschlossen, das Relais schließt den Hauptstromkreis, der Motor treibt die Walze zurück. Hat das Vorschubrad in der Walze die hintere Endstellung erreicht, wiederholt sich der ganze Vorgang. Kontrollampen zeigen die jeweilige Schaltstellung an. Tritt eine Maschinenstörung ein, so daß der Motorschutzschalter ansprechen würde, zeigt ein rotes Kontrollicht "Störung" an.

Die Klingeneinspannung wurde in Abweichung vom Versuchsgerät senkrecht angeordnet (Abb. 48). Dadurch wurde die Konstruktion vereinfacht und das Einspannen der Klingen sowie das Füllen der Walze mit Kartonblocks erleichtert. Zur Aufnahme der Schnitzel wurde unter der Schneidstelle eine Schublade angebracht.

Die Eichung des Geräts erfolgt durch eine Federwaage, die in einen Bolzen der Klingenhalterwippe (Abb. 49) eingehängt wird und am selben Punkt angreift wie die Schnittkraft während der Messung, so daß sich eine Umrechnung erübrigt.

Der elektrische Meßteil wurde ohne Änderung übernommen.

V. Untersuchungen über den Einfluß der Schartigkeit auf die Schneideigenschaften

1. Der Schartigkeitsbegriff an Messerklingen

Die Bedeutung der Oberflächenrauhigkeit als eines wesentlichen Verschleißfaktors in der Technik wird in zunehmendem Maße erforscht. Sie wird fast überall als unangenehme und nachteilige Eigenschaft einer technischen Oberfläche angesehen.

Umso überraschter ist der Nichtfachmann, wenn er hört, daß an der Schneide einer Messerklinge eine starke "Rauhigkeit" erwünscht ist und sogar gefördert wird. Wegen der besonderen geometrischen Gestalt der Messerklingen spricht man hier nicht von Rauhigkeit, sondern sinnvoller von der "Schartigkeit" der Schneide (14).

Bei den Betrachtungen und Untersuchungen an Werkzeugschneiden wird die Schartigkeit mit Recht als unerwünschte Erscheinung betrachtet, da sie die Oberflächengüte des zu bearbeitenden Werkstücks nachhaltig herabsetzt und die weitere Zerstörung der Werkzeugschneide begünstigt.

Die Schartigkeit einer Messerschneide fördert zwar deren Verschleiß auch, andererseits aber wird durch sie die gute Schneidfähigkeit der Klinge erst erzeugt. Eine linienglatte, absolut schartenfreie Schneide wäre lediglich für spaltende und hackende Zwecke vorzuziehen (vgl. VI, 1.), bei allen Klingen, die mit einem Anteil ziehenden Schnitts arbeiten (und das ist die Mehrzahl aller Handmesser), ist eine mehr oder weniger ausgeprägte Schartigkeit Voraussetzung für eine gute Schneidfähigkeit. Eine schartenfreie Schneide, soweit sie technisch überhaupt herstellbar ist, würde bei ziehendem Schnitt einen mehrfach hohen Kraftaufwand erfordern, um die Schneidaufgabe wenigstens durch die Keilwirkung zu erfüllen.

Im allgemeinen führt das Zusammenwirken folgender drei Faktoren zum Schneiderfolg:

1. Schartigkeit. Sie wirkt faserzerreißend
2. Keilwirkung. Sie entsteht aus der Keilform der Klinge und der Schnittkraft
3. Reibungsverschleiß am Schnittwerkstoff.

Den größten Anteil am Schneiderfolg hat bei ziehendem Schnitt (VI, 1.) zweifellos die Schartigkeit; der Reibungsverschleiß am Schnittwerkstoff ist nur von untergeordneter Bedeutung. Abbildung 67 (Seite 87) lehrt, daß eine am Stein abgezogene Klinge mit normaler Schartigkeit (S_1 = -, $S_3 = 30\,\mu$) eine nur halb so große Standfähigkeit aufbringt wie dieselbe Klinge, mit einem gleichwinkligen Stahlrollen-Abzug versehen, bei einer stark ausgeprägten Schartigkeit ($S_1 = 180\,\mu$, $S_3 = 30\,\mu$) (28). Anders ausgedrückt: Die Klinge mit starker Schartigkeit benötigt für eine Schneidaufgabe eine nur halb so große Schnittkraft als eine normal-schartige Klinge.

Vor einem weiteren Eingehen auf die Auswirkung der Schartigkeit wollen wir zuerst ihrer Entstehung nachgehen.

2. Die Ursachen der Schartigkeit

Die an der Schneide auftretende Schartigkeit ist zum Teil auf den Abziehvorgang zurückzuführen. Die Abzieh-Schleifscheibe, meist eine Siliziumkarbidscheibe mit Keramikbindung, mit einer Korngröße von $\sim 50\,\mu$, erzeugt beim Abziehen auf den Keilflächen Riefen von einem Kopfdurchmesser, der gleich oder kleiner als der Schleifkorndurchmesser ist.

Die beiden Keilflächen haben demnach wellige Oberflächen. Die Schneidenkante als Schnittkante der beiden Keilflächen kann keine Gerade sein, sondern ist eine verwickelte dreidimensionale Kurve, die geometrisch als Reihenfolge von Schnittkurven verschiedenartigster Halbzylinder bezeichnet werden kann. Das erhellt auch, daß sich die Ausbildung der Scharten völlig unregelmäßig dieser oder jener Seite der ideellen Schneidenkante zuwendet.

A. HEISS (24) stellt die theoretische Schneidengeometrie nach Abbildung 52 dar und leitet daraus eine Beziehung für die Schartigkeit her:

$$R_K = \frac{1}{\sin\beta} \sqrt{R_S^{\,2} + 2\,R_S\,R_F \cos \quad + R_F^{\,2}}$$

Da Messerklingen an derselben Scheibe unter denselben Bedingungen abgezogen werden, die Riefenausbildung auf beiden Keilflächen also theoretisch dieselbe ist, ließe sich für Messerschneiden die Formel für die Schartentiefe vereinfachen zu:

$$S = \frac{R}{\sin \beta/2}$$

wobei S die Schartentiefe, R die Riefentiefe und β der Keilwinkel ist (Abb. 53).

Diese theoretische mathematische Ableitung stimmt leider nicht mit der Praxis überein. Der Keilwinkel β ist an der Spitze nur ideeller Natur und die Schartentiefe als theoretischer Rechenwert erhält den Index th:

$$S_{th} = \frac{R}{\sin \beta/2}.$$

Die wirkliche Schartentiefe S_w (Abb. 53) läßt sich auf diese rechnerische Art nicht bestimmen, sondern nur verfahrensmäßig. Ein Versuch beweist dies (Abb. 54 bis 58). Zum Verständnis der gezeigten Profilaufnahmen wird auf die Dissertation (28) verwiesen. Sie zeigen, wie wenig die aufgrund mathematischer Berechnung ermittelte Schartigkeit mit der wirklichen Schartentiefe übereinstimmt. Bei einem angeschliffenen Keilwinkel von 35° und einer mittels Leitz-Forster-Gerät ausgemessenen Rauhtiefe der Keilflächen von $5\,\mu$ errechnet sich nach der angegebenen Formel die Schartentiefe zu:

$$\underline{\underline{S_{th} = 17}} \quad .$$

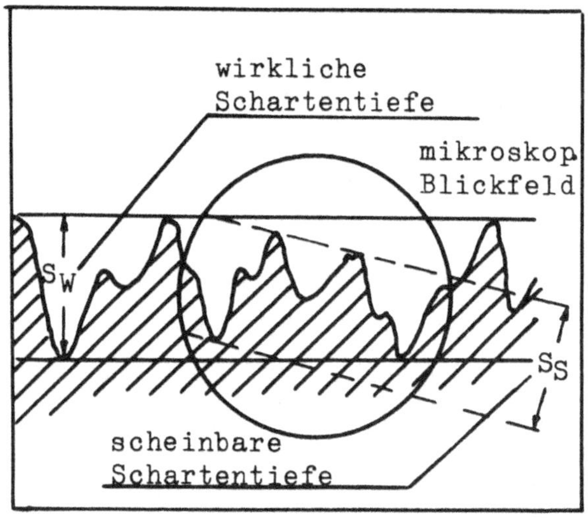

Abbildung 5o
Scheinbare und wirkliche
Schartentiefe

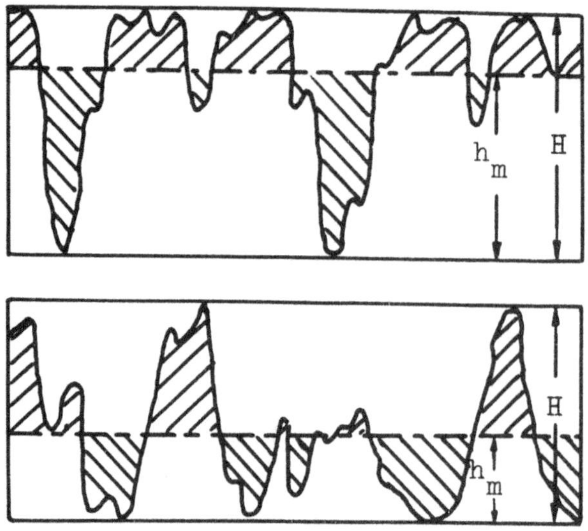

Abbildung 51
Mittlere Höhe h_m und größte
Höhe H bei Völligkeitsgrad
K > o,5 (oben) und K < o,5 (unten)

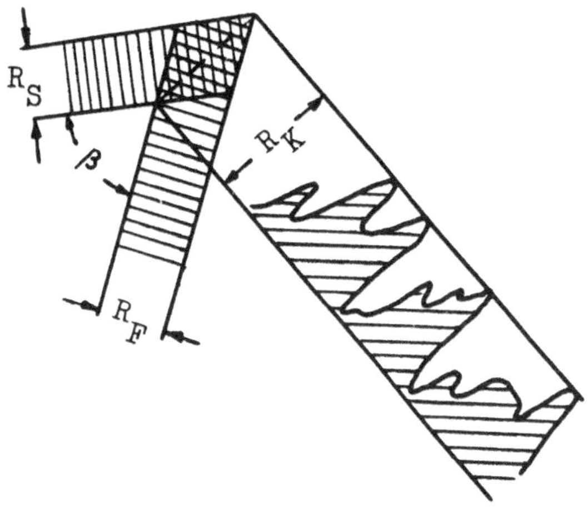

Abbildung 52
Theoretische Schneidengeometrie
(nach A. HEISS (24))

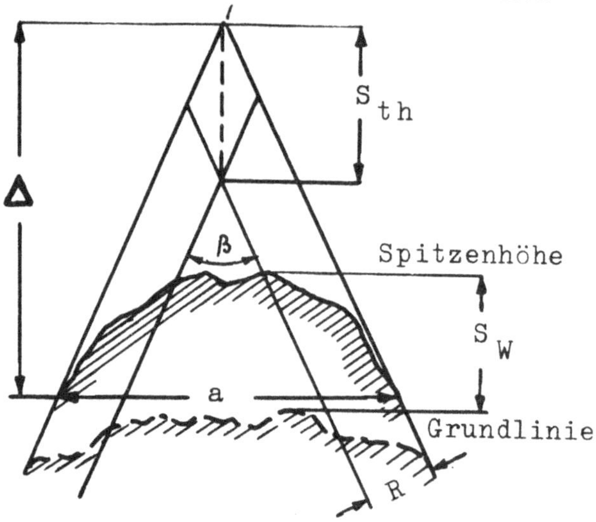

Abbildung 53
Zusammenhänge zwischen
Abstumpfungshöhe Δ , Sehne a
der mittleren Schneidenabrundung,
theoretischer und wirklicher
Schartentiefe

Die wirkliche Schartentiefe wird jedoch auf Abbildung 56 mit mindestens $S_W = 28\,\mu$ gemessen. Auf der Filmbreite lassen sich nur 24 μ erfassen, die

Untersuchung einer Messerschneide mit dem Leitz-Forster-Oberflächenmeßgerät

(zur Frage der theoretischen und wirklichen Schartentiefe, Seite 65)

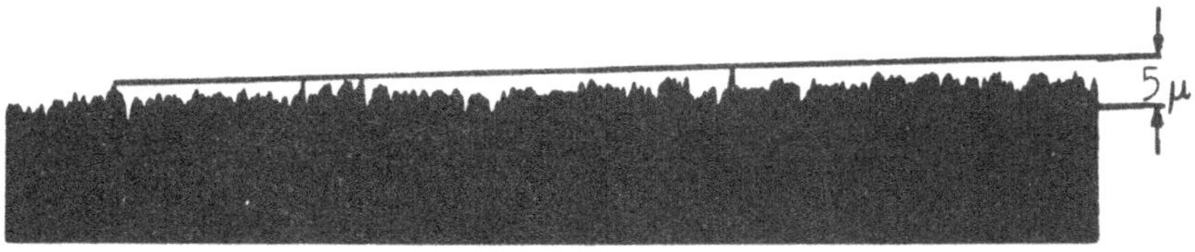

A b b i l d u n g 54

Scharfe Klinge. Keilflächen-Rauhtiefe 5μ (Zeichenseite)

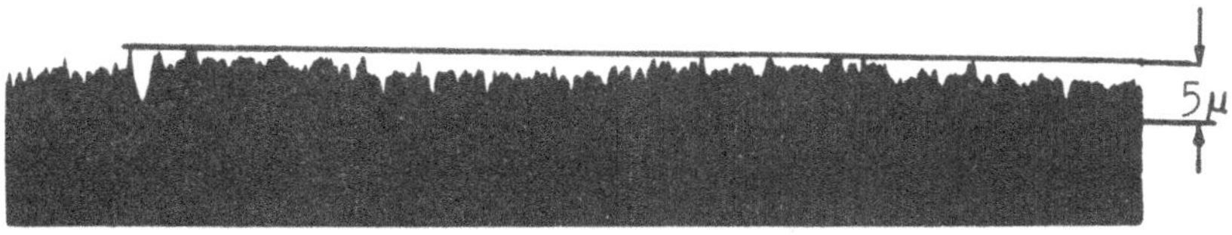

A b b i l d u n g 55

Scharfe Klinge. Keilflächen-Rauhtiefe 5μ (Gegenseite)

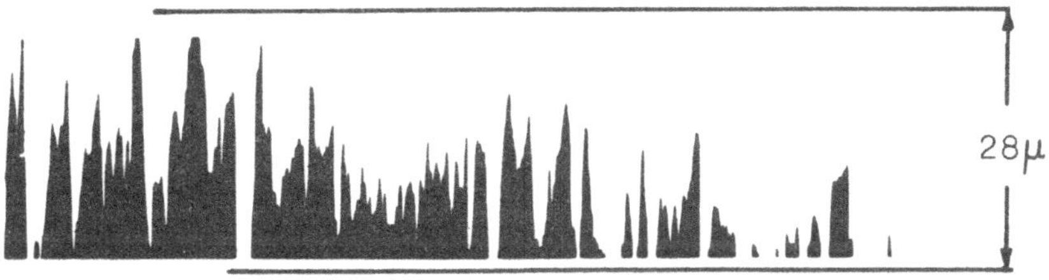

A b b i l d u n g 56

Scharfe Klinge. Schneidenschartigkeit

$$S_{th} = \frac{5}{\sin 35^{\circ}/2} = 17\mu \qquad S_w = 28\,\mu$$

A b b i l d u n g 57

Schneide halb abgestumpft. 1o Hübe je Blockdurchschnitt nach dem Hubzählverfahren (KNAPP)

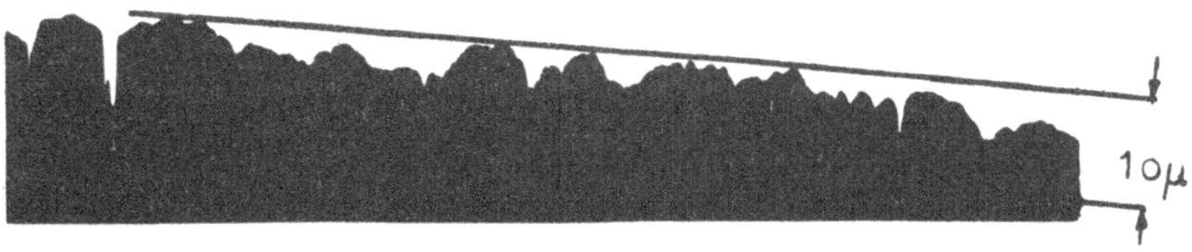

A b b i l d u n g 58

Schneide abgestumpft. 2o Hübe je Blockdurchschnitt. Keine weitere Verminderung der Schartentiefe. Erklärung für das Konstantbleiben der horizontalen Schnittkraftkomponente P_H (Seite 58)

wirkliche Schartentiefe ist ersichtlich größer und kann nur geschätzt werden.

Da die Schneide durch Ausbrechen von Karbidkörnern und anderer kleinster Teilchen abgerundet ist, kann sie zeichnerisch mit einem Abrundungsradius belegt werden, dessen Bestimmung bisher umstritten war (12, 13, 14, 25), und vom Verfasser in der von DAWIHL empfohlenen Art (25) abgelehnt wird. Stattdessen wurde das in Abschnitt III, 2. beschriebene Profilmeßverfahren entwickelt, welches in der Lage ist, die Sehne a der mittleren Schneidenabrundung (Abb. 53) eindeutig festzulegen. Die von G. PAHLITZSCH (14) als Maß für den Abstand der ideellen Schneidenkante von der mittleren Schneidenabrundungssehne a eingeführte Bezeichnung "Abstumpfungshöhe Δ "

$$\Delta = \frac{a}{2} \operatorname{cotg} \beta/2$$

läßt sich damit als Strecke mit großer Genauigkeit berechnen (vgl. Tabelle 3 und 4, Seite 4o).

Auch bei scharfen, mechanisch noch nicht abgestumpften Schneiden ist der Ausdruck "Abstumpfungshöhe" vertretbar, da die Schneide ja gegenüber der ideellen Schärfe (bei Wirksamsein des ideellen Keilwinkels β) bezüglich der wirklichen Schärfe "abgestumpft" erscheint.

Es ergibt sich also beim normalen Schleifscheibenabzug eine unvermeidbare, meistens aber erwünschte Schartigkeit normaler Tiefe, deren Ursache in der Schleifkorngröße und in Karbidausbrüchen oder sonstigen Gefügebedingtheiten gesehen wird. Beim Stahlrollen-Abzug tritt noch ein weiterer Entstehungseinfluß hinzu: Die Gefügekorngröße. Unter Stahlrollenabzug versteht man den Keilwinkelanschliff mit einem Schärfapparat, der aus zwei Gruppen parallelachsig aufgereihter, miteinander kämmender, gehärteter Stahlrollen besteht. Die Klinge wird mehrmals über die Eingriffsstelle gezogen, wobei sie sich unter starker Bildung von Abschliff schnell schärft. Es bilden sich auf diese Weise viel stärkere und gröbere Scharten als beim Schleifscheibenabzug. Sie fördern zwar Schneidfähigkeit und Standfähigkeit der Klinge wesentlich, führen aber auch wegen des starken Abschliffs zu schnellerer Zerstörung der Klinge.

Versuche zeigten, daß das oben gesagte auf C-Stahlklingen und niedrig gehärtete Chromstahlklingen zutrifft, während sich die bei 1o4o° und höher gehärteten Chromstahlklingen mit diesem Schärfapparat nicht mehr abziehen ließen. Die bei dieser Temperatur spontan einsetzende Karbidauflösung bewirkt eine so starke Steigerung der Verschleißfestigkeit der Grundmasse, daß die Stahlrollen offenbar nicht mehr in der Lage sind, einen Abschliff an diesen Klingen zu erzeugen.

Die Schartigkeitsuntersuchungen an mit Stahlrollen abgezogenen C-Stahl-Klingen ergaben eine bemerkenswerte Übereinstimmung zwischen der Gefügekorngröße, also der Härtetemperatur bzw. -zeit und der Schartengröße.

Drei Tafelmesserklingen aus Kohlenstoffstahl mit unterschiedlicher Gefügekorngröße wurden auf ihre mit dem Stahlrollen-Schärfapparat erzielbare Schartentiefe untersucht. Es konnte festgestellt werden, daß sich die Schartentiefe direkt proportional zur Korngröße verhält. Es wurde festgestellt, daß der Einfluß der Korngröße, und damit der Härtetemperatur, bei C-Stahlklingen maßgebend für die Schartigkeitsausbildung ist, sofern ein Stahlrollen-Schärfapparat zum Abziehen verwendet wird. Auf die Schartigkeit beim Schleifscheibenabzug hingegen hat die Korngröße keinen Einfluß.

Einzelheiten, mit Abbildungen belegt, sind in der Dissertation (28) nachzulesen.

3. Vorschlag einer Definition und Aufstellung von Ordnungen

Was ist unter dem Begriff "Schartigkeit" zu verstehen? Die Definition soll lauten:

Schartigkeit ist der von einer geraden oder stetig gekrümmten Soll-Linie abweichende Ist-Verlauf einer Schneidenkante!

Unter Soll-Linie ist der geometrische, idealgedachte Verlauf der Schneidenkante zu verstehen, unter Ist-Linie der fertigungstechnisch bedingte Verlauf der Schneidenkante.

Durch den mechanischen Vorgang des Abziehens, gleich welcher Art, entsteht an Messerschneiden zwangsläufig eine Schartigkeit gewisser Größe. Die Scharten sind nicht nur unterschiedlich tief, sondern auch in Form und Häufigkeit verschieden. Einige Ursachen für die Schartenbildung wurden bereits genannt. Bemerkenswert ist, daß diese unterschiedlichen Ursachen auch meist eine verschiedenartige Schartenausbildung zur Folge haben. Die Form, die Regelmäßigkeit, die Größe, das Verhältnis Tiefe zu Breite lassen oft einen Schluß auf die Entstehungsursache zu. Formabweichungen der Oberflächengestalt wurden im DIN-Blatt 4760 in mehreren

Ordnungen, nach Entstehungsursachen gegliedert, aufgestellt. Diese für die Rauhtiefe technischer Oberflächen festgelegten Bezeichnungen (21) werden jedoch für Schartigkeitsuntersuchungen zum Teil als unzweckmäßig und unzutreffend empfunden. So hat z.B. die Hüll-Linie, auf die PERTHEN (2o) und SCHMALTZ (21) die Rauhtiefe beziehen, für Messerschneiden überhaupt keine Bedeutung. Gerade die Schartenspitzen, die dort als "Ausreißer" unbeachtet bleiben, sind an der guten Schnittleistung einer Klinge wesentlich beteiligt, und es muß nochmals betont werden, daß zwischen allgemeinen Werkzeugschneiden und Messerschneiden in diesem Punkt entgegengesetzte Wirkungsweisen herrschen: Dort wird die Schartigkeit störend empfunden, hier ist sie in gewissem Maße erwünscht. Regelmäßig wiederkehrende Höhenschwankungen im Scharigkeitsverlauf, wie sie an Drehteiloberflächen auftreten und als "Willigkeit" bezeichnet werden, sind bei Klingenschneiden nicht zu erwarten, es sei denn, sie sind beabsichtigt, wie beim "Wellenschliff". Eine unregelmäßige Welligkeit, durch ungleichmäßiges Anpressen beim Abziehen verursacht, ist jedoch möglich.

Zur Aufstellung einer Schartigkeitsordnung lehnt sich der nachfolgende Vorschlag daher nur in der Form an DIN 476o an, inhaltlich ist er auf die Besonderheiten der Klingenschartigkeit ausgerichtet.

Schartigkeitsmerkmale an Messerklingen (Vorschlag)

Form abweichung	Kurz-zeichen	Gestalts-bereich	Bezeichnungs-gruppe	Beispiele für Entstehung
1. Ordnung	S_1	Grob-gestalt	a) Ausbrüche	örtliche Überbeanspruchung der Schneidenkante, Härteeinflüsse (Kornausbrüche)
			b) Sonder-schliffe	Kalottenschliff Verzahnung
2. Ordnung	S_2	Fein-gestalt	Welligkeit	ungleichmäßige Klingenanpressung beim Abzug
3. Ordnung	S_3		Fein-schartigkeit	Gefügestruktureinflüsse auf den Schneidenabzug
4. Ordnung	S_4		Feinst-schartigkeit	Schnittkurven zweier räumlicher Flächen (Keilflächen). Einfluß der Schleifriefen

Diese Einteilung ist unabhängig von der meßbaren Größenordnung der Scharten, sie ist nur von der Entstehungsursache her getroffen. Die Größenordnungen sind von Abziehart, Schleifkorngröße und Gefügekorngröße abhängig.

4. Schartigkeit und Schneidvorgang in ihrer Wechselwirkung

Die Schartigkeit ist in ihrer Wirkung zu vergleichen mit einer feinen, unregelmäßig gezahnten Säge. Die einzelnen Zähne bzw. Schartenspitzen können jede für sich betrachtet als winziger Schruppstahl angesehen werden. Da die Schnittwerkstoffe im allgemeinen jedoch weich und elastisch sind, entstehen beim Schnitt keine Späne, sondern die Stoffasern werden auf Biegung und Streckung beansprucht, bis die Fließgrenze überschritten und ein örtlicher Bruch oder ein Zerreißen erfolgt. Schmale, scharfe Schartenspitzen führen diesen Bruch unter geringem Kraftaufwand herbei, da die zur Kraftübertragung herangezogene Druckfläche sehr klein ist und die Pressung auf den Schnittwerkstoff groß.

Natürliche Abnutzung durch Reibung, wobei die an der Oberfläche haftende weichere Schleifheut einem schnelleren Verschleiß unterliegt, feinste Härterisse in der Schneidenkante, unter Umständen im Schartenfuß, oder eine Lockerung der Schartenspitzen an den Korngrenzen, die bereits durch Biegebeanspruchung beim Abziehen verursacht wurde, führen während des Gebrauchs einer Klinge zum allmählichen Abtragen der Schartenspitzen, was sich als Abstumpfung äußert.

Sämtliche aufgenommenen Stumpfungskurven, sowohl die nach dem alten wie auch nach dem neuen Verfahren erhaltenen, zeigen, daß die Schneidfähigkeitsveränderungen einer frisch abgezogenen Klinge nicht in das mathematische Kurvengesetz einzuordnen sind, dem sie von einem gewissen Stumpfungsgrad an folgen. Klingen aus Kohlenstoffstahl und niedrig gehärtete Klingen aus rostfreiem Stahl sinken in ihrer Schneidfähigkeit rasch ab, um dann einer parabolischen Gesetzmäßigkeit zu folgen. Der Grund ist, daß einmal die weiche Schleifhaut schnell weggeschliffen wird und zweitens sind nach dem Abzug einige sehr scharfe, aber bereits im Fuß gelöste Spitzen vorhanden, die schon nach kurzer Beanspruchung herausgerissen werden.

Die Kurven hochgehärteter rostfreier Klingen weisen diese hohe Anfangsschneidfähigkeit nicht auf (vergl. Abb. 167 b - e und 177 b - f der vorgenannten Dissertation (28), die in einem zweiten, in dieser Schriftenreihe erscheinenden Teilauszug, veröffentlicht werden). Die Ursache dafür ist der höhere Restaustenitgehalt und eine merkliche Verminderung der Karbidzahl. Die Folge davon ist eine erhöhte Verschleißfestigkeit bzw. Standfähigkeit der Klinge.

Wie durch Untersuchungen, auf die an dieser Stelle nicht näher eingegangen werden kann, nachgewiesen wurde, nimmt die stark ausgeprägte Schartigkeit einer frisch abgezogenen C-Stahlklinge in ihrer Größenanordnung rasch ab, während die weitere Abstumpfung nur noch Formveränderungen bringt, aber keine weitere Größenabnahme. Hin und wieder brechen kleine Teilchen aus. Derartige Ausbrüche äußern sich in der Kurve als Unstetigkeiten. Es kommt vor, daß nach einem durch Schartenspitzenausbruch verursachten stärkeren Abfall der Schneidfähigkeit diese wieder ansteigt, weil sich die frischen Bruchkanten durch Flankenreibung wieder zuschärfen.

Schartigkeit und Schneidvorgang stehen also in ständiger Wechselwirkung. Ausgeprägte Schartigkeit erleichtert das Schneiden, setzt die Schnittkraft herab, während durch die Schneidarbeit wiederum die Schartigkeit zusehends gemindert und die Schneidenkante eingeebnet wird.

Mit Hilfe von Profilaufnahmen und Keil-Profilfotos läßt sich die Beziehung zwischen Scharteneinebnung, der Vergrößerung der Sehne a der mittleren Schneidenabrundung und der zunehmenden Schnittkraft bildlich in anschaulicher Weise vor Augen führen. In der Stumpfungskurve Abbildung 59 sind vier Zwischenzustände herausgegriffen worden und die jeweilige Schartigkeit und Schneidenabrundung bildlich festgehalten, und an anderer Stelle ausgewertet worden.

Es handelt sich um die Stumpfung einer rostfreien Klinge, die bis zur größtmöglichen Schneidenabrundung durchgeführt wurde.

Auch hier wird wieder deutlich, daß rostfreie Klingen eine flachere Kurvenneigung, also eine größere Standfähigkeit besitzen als C-Stahl-Klingen. Außerdem zeigen die Abbildungen den typischen Unterschied in der Anfangsschneidfähigkeit. Eine C-Stahlklinge (Abb. 36 und 37, Seite 51/52) hat ihre größte Schärfe gleich beim Anschnitt, während eine rostfreie Klinge (Beispiel Abb. 59) erst nach 4 bis 8 Walzenumdrehungen ihre maximale Schneidfähigkeit nimmt.

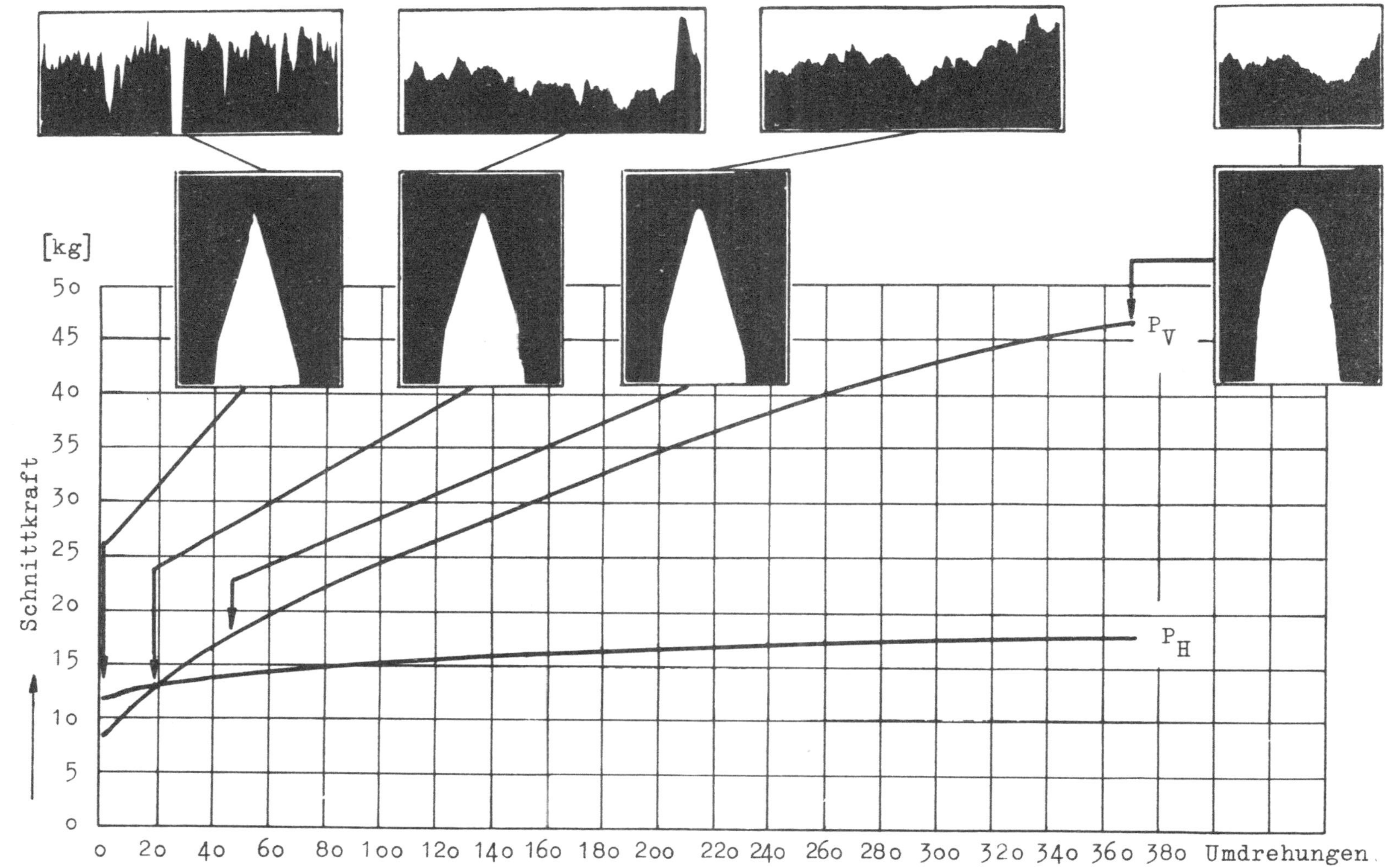

A b b i l d u n g 59

Stumpfungsbild einer rostfreien Klinge. Weitestgehende Schneidkeilabtragung

Obgleich alle vier Profilaufnahmen in Abbildung 59 dieselbe Strecke an der Schneide wiedergeben, ist keine Formähnlichkeit festzustellen. Eine gewisse Einebnung der Schartigkeit findet offenbar erst bei sehr weit fortgeschrittener Stumpfung statt. Die Abstumpfung dieser Klinge wurde schon erheblich weit fortgeführt, um einmal den über die übliche Prüfungsdauer hinausgehenden weiteren Kurvenverlauf verfolgen zu können. Dennoch wurde keine Verringerung der Schartigkeit festgestellt.

5. Praktische Auswertung der Erkenntnisse

Die durchgeführten Untersuchungen vermittelten ein Bild von der Proportionalität zwischen Schneidenschartigkeit und Schneideigenschaften. Je ausgeprägter die Schartigkeit ist, desto geringer ist die für eine bestimmte Schneidaufgabe aufzuwendende Schnittkraft. Je geringer die Schnittkraft ist, desto weniger wird die Klinge auf Verschleiß beansprucht; die Standfähigkeit wächst.

Andererseits führt aber eine gewollt große Schartigkeit (Abziehen mit Stahlrollen-Schärfapparat) infolge starken Abschliffs zu einer geringeren Lebensdauer der Klinge.

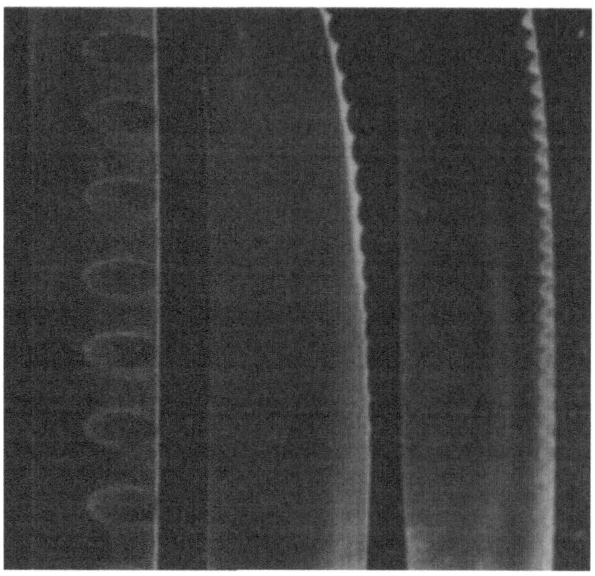

a b c

A b b i l d u n g 6o

Auswertung der Erkenntnisse des vorteilhaften Einflusses schartiger Waten auf die Schneidfähigkeit: Anschliff von "Kullen" (a), "Wellen" (b) und "Happen" (c)

In Auswertung dieser Erkenntnis hat man begonnen, die Klingen, deren Schneidaufgabe im Zerteilen weicher, druckempfindlicher Stoffe besteht (Tomaten, Wurst, Weißbrot), fabrikationsmäßig mit einer groben regelmäßigen Schartigkeit zu versehen, um den Abschliff beim Selbstnachschärfen zu vermeiden und die Schartenspitzen durch geeignete Formgebung im Fuß möglichst stabil zu gestalten. So hat man schon früh begonnen, Messerklingen mit sägeförmiger Wate zu versehen. Diese Spitzverzahnung steigert die Schneidfähigkeit zwar am wirksamsten, wird aber von vielen Verbrauchern abgelehnt, da sie beim Reinigen Verletzungen verursachen kann und im Zahngrund die Säuberung erschwert.

Diese Unannehmlichkeit kommt beim Kalottenschliff in Fortfall, wobei die Verbesserung der Schneideigenschaften nur wenig geringer ist. Die Kalotten werden oft seitlich in die Flanke eingeschliffen (in der Solinger Fachsprache "Kullen" genannt), Abbildung 6o a, oder noch wirksamer segmentartig in die Wate, wobei ein halbkreisförmiger Zahngrund entsteht (b, "Wellenschliff"). Um die Wate als geometrisch liniengerade Schneidenkante zu behalten, wird oft ein Kompromiß geschaffen, indem die Kalotten seitlich an der Wate kegelig eingeschliffen werden (c), "Happen" genannt.

Die Lebensdauer der Klingen mit Kalottenschliff ist beträchtlich höher als die der gewöhnlichen Klingen, da die mit ihnen aufzuwendende Schnittkraft niedriger ist und ein Neuanschliff nur selten erforderlich wird. Versuchsmäßig wurde festgestellt, daß beispielsweise der Wellenschliff (b) eine fünfmal höhere Standfähigkeit erzeugt als ein normaler Abzug mit $\beta = 22^{\circ}$ und auch noch die dreifache Standfähigkeit gegenüber einem Stahlrollenabzug (Abb. 67 und 68, Seite 87) besitzt. Oft erübrigt sich bei diesen Klingen überhaupt der Anschliff einer Wate, so daß die Mehrkosten der Herstellung hierdurch zum Teil schon ausgeglichen werden.

Dort, wo eine schartige Ausbildung der Wate unerwünscht ist, kann sie durch geeignete Maßnahmen weitgehend beseitigt werden. Bei Rasierapparaten mit rein drückendem Schnitt (VI, 1.) würde sich eine schartige Schneidenausbildung störend auswirken, bei solchen mit anteilig ziehendem Schnitt (Schrägschnitt) vorteilhaft.

Die Mehrzahl der auf dem Markt befindlichen Rasierklingen erhält beim Abziehen einen normalen Querschliff, Abbildung 61. Abbildung 62 zeigt die Schartigkeit dieses Abzugs. In Abbildung 63 wird die Klinge eines andern Fabrikats gezeigt. Sie erhält nach dem normalen Querabzug eine feine

Verminderung der Feinstschartigkeit durch Polieren der Keilflächen

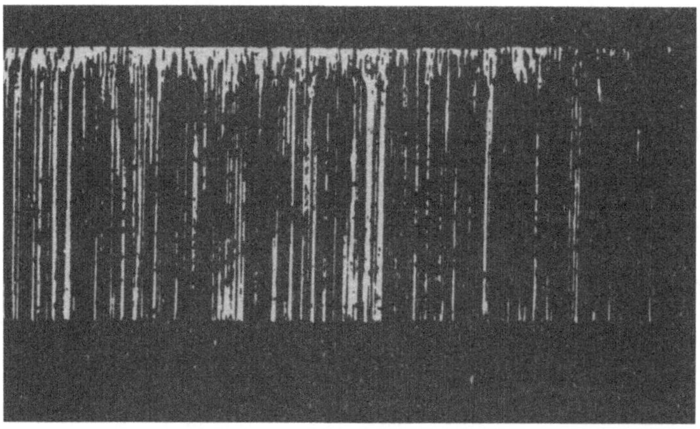

x 1oo

Abbildung 61

Schneide einer unbenutzten Rasierklinge Fabrikat X
Abzug ohne Politur! $\beta = 11{,}5^{\circ}$

h x 25; v x 1ooo

Abbildung 62

Schartigkeit obiger Schneide. $S_4 = 0{,}37\,\mu$

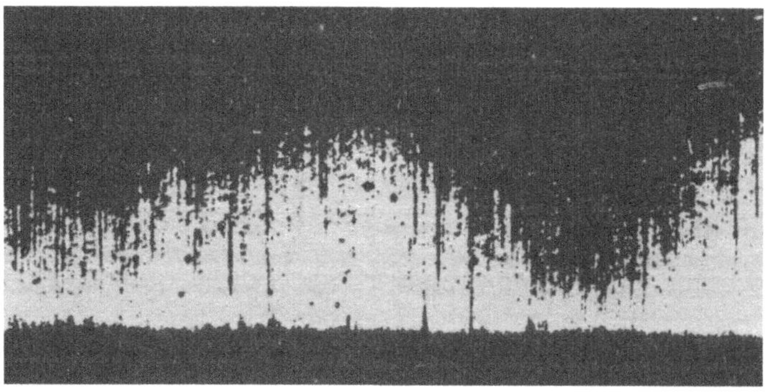

x 1oo

Abbildung 63

Schneide einer unbenutzten Rasierklinge Fabrikat Y
Abzug mit Politur! $\beta = 15^{\circ}$

h x 25; v x 1ooo

Abbildung 64

Schartigkeit obiger Schneide. $S_4 = 0{,}15\,\mu$

Politur, wodurch die Schartigkeit gemindert wird (Abb. 64). Nachfolgende Gegenüberstellung läßt die Schartigkeitsunterschiede deutlich werden:

Formabweichung	Fabrikat X	Fabrikat Y
S_1	-	-
S_2	2,2 μ	2
S_3	1 μ	o,7
S_4	o,37 μ	o,15

Bemerkenswert ist, daß Welligkeit und Feinschartigkeit durch die Politur nicht beeinflußt werden. Die Feinstschartigkeit jedoch, deren Entstehungsursache der Schnitt der Abziehriefen ist, wird durch die Politur auf weniger als die Hälfte verringert.

VI. Vorschlag zur Einführung einheitlicher technischer Begriffe und von Schneiden-Kennwerten

1. Einteilung der Schneidwerkzeuge nach ihrer Arbeitsweise (zu Abb. 65)

Der Einfluß der Schneidenschartigkeit auf die Schneideigenschaften wurde von beiden Seiten beleuchtet, von der vorteilhaften und der nachteiligen. Der günstige Einfluß kann zweifellos nur zur Auswirkung gelangen, wenn der Schnitt ziehend geführt wird, da die Schartigkeit eine ausgesprochene Sägewirkung hervorruft.

Andererseits ist einleuchtend, daß beim drückenden Schnitt eine schartige Ausbildung der Wate keine Vorteile bringt, sondern sich im Gegenteil nur nachteilig auf die Standfähigkeit der Klinge und die Güte der Schnittfläche auswirkt.

Ferner wurde darauf hingewiesen, daß bei ziehendem Schnitt der wirksame Keilwinkel β' kleiner ist als der tatsächliche Winkel β und daß die Verkleinerung von der Schnittrichtung s abhängt bzw. vom Anteil ziehender Schnittkraft.

Um ein Messer mit den für seinen Verwendungszweck optimalen Eigenschaften ausstatten zu können, ist es nützlich, sich über die Art und Weise, in der es zum Schneiden angesetzt wird, Klarheit zu verschaffen. Es muß also eine Einteilung geschaffen werden, die es gestattet, die Vielzahl der auf dem Markt befindlichen Messersorten nach Gesichtspunkten zu ordnen, die in ihren charakteristischen Merkmalen eindeutig sind und eine Bestgestaltung der Klinge im Hinblick auf ihre Beanspruchung im späteren Gebrauch erlauben. Die Einteilung soll also nicht nur ein Übersichtsschema sein, sondern gleichzeitig Hinweise auf die Gestaltung der Schneide geben können.

Unter den früheren Veröffentlichungen getroffenen Einteilungen beruhen manche auf falschen Schlüssen und sind ungeeignet, derartige Ansprüche zu erfüllen. Insbesondere die Eingrenzung der Handmesser als span- und staublose Schneidwerkzeuge, wie sie von HENDRICHS (9) getroffen wurde, ist zu eng gefaßt und auch unzutreffend. Wenn HENDRICHS sagt: "Im Gegensatz zum "Sägen" entstehen beim "Schneiden" keine Späne ...", so muß darauf erwidert werden, daß auch das Sägen ein Schneidvorgang ist, der sich nur dadurch von den übrigen unterscheidet, daß mehrere Schneiden gleichzeitig und gleichsinnig im Eingriff sind. Überdies ist ja auch der Trennvorgang mit Messerklingen, der von HENDRICHS im engsten Sinne als "Schneiden" bezeichnet wurde, nach unsern heutigen Erkenntnissen aufgrund der wie eine feine Säge wirkenden Schneidenschartigkeit ein "Sägen", und daß dieser Vorgang nicht in allen Schnittwerkstoffen "span- und staublos" ist, kann man beim Schneiden von Kunststoffen, Brot und trockenem Schnittgut beobachten. Außerdem ist es unlogisch, wie auch Th. STROPPEL schon ausführt (29), wenn HENDRICHS aufgrund seiner Definition das Rundschälen zur Furnierherstellung als Schneidvorgang anerkennt, das Formdrehen von Holz jedoch nicht, weil hier Stoffverlust (Späne) entsteht. Beide Arbeitsvorgänge sind dem Zweck nach unterschiedlich, der Arbeitsweise nach jedoch gleich, und das ist das Entscheindende.

"Die Frage lautet nicht, <u>wozu</u> trenne ich, sondern <u>wie</u> trenne ich, - und das geschieht in beiden Beispielen mittels eines Schneidwerkzeugs" (STROPPEL).

Die Schneide selbst muß daher als Hauptkriterium einer Einteilung dienen. Der Vorschlag des Verfassers geht dahin, die Richtung s, in der der Schnitt geführt wird, in ihrer Lage zur Keilwinkelhalbierenden, sowie zur Schneidenkante und zur Schneidunterlage zur Schaffung einer Systematik heranzuziehen. Im zweiten Moment ist ein wesentliches Unterscheidungsmerkmal enthalten: Drückende oder ziehende Schnittführung. Im ersten Fall wird je nach

Auftretende Kräfte	Scherart		parallel (ohne Scherschräge)		schräg (mit Scherschräge)	
	Schnittkraft		drückend	ziehend	drückend-ziehend	ziehend
	Schnittrichtung s in Bezug auf die Keilwinkelhalbierende (Anstellwinkel φ)	die Schneide und ggf. Unterlage	senkrecht zu Schneide und ggf. Unterlage	geneigt zu Schneide und ggf. Unterlage	senkrecht zu Schneide oder Unterlage	geneigt zu Schneide und Unterlage
Zug- und Druckkräfte	Keilwinkelhalbierende in Schnittrichtung s (φ = 0°)	ohne Gegenschneide	Hackmesser Schnitzmesser Wiegemesser Sense, Sichel 1 a	Tomatenmesser Gemüsemesser Glasschneider Sense, Sichel 2 a	Brieföffner 3 a	Brotmesser Tafelmesser Tranchiermesser 4 a
Zug- und Druckkräfte	Keilwinkelhalbierende in Schnittrichtung s (φ = 0°)	mit Gegenschneide	(Beißzange) 1 b	(Rohrkluppe) 2 b	X	X
Scherkräfte	Keilwinkelhalbierende geneigt zur Schnittrichtung (0° < φ < 90°)	ohne Gegenschneide	Schälmesser Bleistiftspitzer Rasiermesser Radiermesser (φ ≅ 90°) Rasierklingen Büchsenöffner 1 c	Rasierklingen 2 c	Gemüsehobel Streustrohschneider 3 c	rotierende Scheibenmesser (für Brot- oder Wurstschneidemaschinen) 4 c
Scherkräfte	Keilwinkelhalbierende geneigt zur Schnittrichtung (0° < φ < 90°)	mit Gegenschneide	Zigarrenabschneider Bildbeschneider Haarschneidemasch. Scheren 1 d	Haarschneidemaschinen 2 d	Bildbeschneider Haarschneidemasch. Scheren Zigarrenabschneider 3 d	Haarschneidemaschinen Scheren 4 d

A b b i l d u n g 65

Einteilung der Schneidwerkzeuge nach ihrer Arbeitsweise (zum Text in Abschn. VI, 1.)

der Sprödigkeit des Schnittwerkstoffs nur eine Keilwirkung ausgeübt (Spalten) oder eine Keilwirkung zusammen mit einer Quetschung (Zug- und Druckkräfte). Im zweiten Fall, der ziehenden Schnittführung, tritt durch die Schartenwirkung ein Zerreißen hinzu.

Weiter ist für den Schneidvorgang wichtig, ob die Schneide frei gegen eine Unterlage oder gegen eine zweite Schneide arbeitet (Gegenschneide). Die Gegenschneide kann entweder die Aufgabe haben, die erste Schneide in ihrem Kraftbedarf zu entlasten (Beißzange), oder im Schnittwerkstoff Scherkräfte zu erzeugen (Schere, Schnittstempel und -platte).

Die in Abbildung 65 getroffene Einteilung berücksichtigt alle diese Momente und dürfte geeignet sein, sämtliche Schneidwerkzeuge aufzunehmen. In den Beispielen sind nur solche aufgeführt, die zu den "Schneidwaren" im Sinne der Handeslsprache gehören. Der Begriff der "Schneidwaren" läßt sich innerhalb der Schneidwerkzeuge nicht exakt abgrenzen; man kommt ihrem Wesen am nächsten, wenn man sie als Schneidwerkzeuge bezeichnet, die nur der Bearbeitung von Nichtmetallen dienen, wie Handmesser, Skalpells, Scheren, Sensen, Rasierklingen, Haarschneidemaschinen usw. Nicht zu dieser Gruppe gehören Schneidwerkzeuge wie Bohrer, Drehstähle, Blechscheren, Meißel, Feilen usw. Die unter 1 b und 2 b in Abbildung 65 genannten Werkzeuge gehören daher nicht zu den "Schneidwaren" und sind nur zur Vervollständigung des Schemas aufgeführt.

Der Hinweis "ggf. Unterlage" in der oberen waagerechten Spalte will sagen, daß die in dieser Gruppe aufgeführten Schneidwerkzeuge u.U. auch frei schneiden, wie z.B. Sensen, Rasierklingen, Rasiermesser. Wenn wir sagen, daß mit diesen Schneidwerkzeugen freie Schnitte geführt werden, so wird stillschweigend anerkannt, daß nach dem Reaktionsgesetz natürlich eine Gegenkraft wirksam ist, von gleicher Größe wie die Schnittkraft und entgegengesetzter Richtung.

Beim Getreidehalm z.B., der von der Sense erfaßt wird, muß infolge der Massenträgheit des oberhalb der Schnittstelle befindlichen Halmteils und der festen Einspannung an der Wurzelseite die Zugspannung im Halm und besonders in den der Schneide abgewandten Fasern als Gegenkraft aufgefaßt werden. Das ändert jedoch nichts daran, daß im Gegensatz zum Schnitt gegen Unterlagen dieser Fall als "freier Schnitt" bezeichnet wird. Ein Schnitt ohne Gegenkraft ist physikalisch nicht denkbar.

Zur "Scherart" (obere waagerechte Reihe in Abb. 65) muß bemerkt werden, daß die Unterteilung in Messer ohne und mit Scherschräge nicht allein auf einer Eigentümlichkeit des Messers beruht, sondern in erster Linie eine Frage der Handhabung ist. Bei Maschinenmessern ist die Scherschräge durch die Kinematik der Messerführung eindeutig festgelegt. Bei Handmessern jedoch ist die Scherschräge keine dem Messer eigentümliche Neigung der Schneidenkante, sondern der Griffhaltung seitens des Schnittführenden. Dennoch besteht die Systematik zu Recht, denn die schräge Scherart ist auch bei Handmessern keine willkürliche Zuordnung, sondern durch Erfahrung und Zweckmäßigkeitsüberlegung bestimmt. Die Einteilung hat die Bedeutung einer Grundsatzdefinition. Eine eindeutige Einordnung eines jeden Messers läßt sich nicht immer durchführen, da viele Messer Zwischenstellungen einnehmen oder für verschiedene Schnittführungen verwendet werden können. Der rein drückende Schnitt findet sich in der Praxis häufig, wie am Beispiel des Zigarrenabschneiders, des Wiegemessers oder vieler nichtrotierender Maschinenmesser gezeigt wird, während dem rein ziehenden Schnitt nur theoretische Bedeutung zukommt. In der Praxis tritt er nur in Verbindung mit einem mehr oder weniger großen Anteil drückenden Schnitts auf, es sei denn, der Arbeitsfortschritt ist = 0. Dieser Fall tritt beispielsweise ein, wenn bei rotierenden Kreismessern infolge einer Maschinen- oder Bedienungsstörung nur Umfangsgeschwindigkeit, aber keine Schnittgeschwindigkeit herrscht.

Das typische Beispiel einer Klinge, die für mehrere Schnittarten Verwendung finden kann, ist die Rasierklinge bei verschiedenartiger Einspannung. Bei Rasierapparaten alter Bauart steht die Klinge senkrecht zum Griff. Die Schnittrichtung ist normal zur Schneidenkante und geneigt zur Keilwinkelhalbierenden. Die Klinge schneidet also der Systematik gemäß drükkend ohne Scherschräge, in den Barthaaren Scherkräfte hervorrufend. Eine schartige Schneidenkante wäre störend und schärfemindernd.

Beim Rasierapparat mit Schrägschnitt liegen die Verhältnisse anders. Zunächst einmal bewirkt der schräge Anschnitt die auf Seite 16 abgeleitete wirksame Verkleinerung des Keilwinkels. Hinzu kommt, daß die Haut mit den Barthaaren elastisch und nachgiebig ist, wodurch die Haare seitlich in Richtung der schrägen Schneidenkante abgedrängt werden bzw. auszuweichen versuchen. Dadurch findet ein kleiner Sägevorgang statt und zum "drückenden Schnitt" tritt ein geringer Anteil "ziehenden Schnitts".

Für diese Verwendungsart einer Rasierklinge bringt eine schartige Schneidenausbildung Vorteile. Beide Klingenarten sind auf dem Markt, wie durch die Abbildungen 61 bis 64 (Seite 76) nachgewiesen wird, ohne daß diese Unterschiede in der Anwendbarkeit Herstellern oder Verbrauchern bewußt bekannt wären. Gerade an diesem Beispiel wird verdeutlicht, wie die vorgeschlagene Einteilung die Aufmerksamkeit auf wesentliche fabrikatorische Gesichtspunkte lenkt.

Auch besonders gelagerte Maschinenmesser lassen sich in diese Systematik einordnen. So würde man z.B. den schrägen Scherschnitt in Feld 3 c (Abb. 65, S. 79) unterbringen. Die Schrägstellung der Klinge hat lediglich den Zweck, die Stoßbeanspruchung beim Auftreffen auf den Werkstoff zu mindern, bei gleichbleibender Maschinenleistung eine hohe Anfangsflächenpressung zu erzielen (ähnlich dem Schräganschliff der Schnittstempel in der Stanztechnik) und dadurch den Werkstoff verzögerungsfrei zum Fließen zu bringen. Außerdem tritt wieder die wirksame Winkelverkleinerung hinzu.

Bei gekrümmten Messern (Sicheln) kann die Schneide u.U. den ganzen Bereich vom hackenden Schnitt (innen) bis zum rein ziehenden Schnitt (an beiden Sichelenden) durchlaufen.

Die Reihe der Beispiele ließe sich beliebig fortsetzen. Jede nur mögliche Schneidenbeanspruchung einer Klinge läßt sich eindeutig einem Feld zuordnen.

Die Einteilung wird daher als Arbeitsgrundlage eines Normungsvorschlags empfohlen. Für fabrikatorische Gesichtspunkte läßt sich aus ihr herauslesen, daß rein drückend eingesetzte Schneidwerkzeuge eine möglichst geringe Schneidenschartigkeit besitzen müssen, was sich durch eine Politur nach dem Abzug erreichen läßt, und daß ziehend eingesetzte Schneidwerkzeuge sehr vorteilhaft mit einer dem Verwendungszweck angepaßten Schneidenschartigkeit versehen werden.

2. Prüfen oder Messen?

Was bietet das neue Schneiden-Prüfgerät? Es kann zunächst zu vergleichenden Prüfungen herangezogen werden. Jedes beliebige Messer, sofern seine Klinge nicht zu dünn ist und unter der auftretenden Beanspruchung zerbrechen würde, läßt sich einspannen und abstumpfen. Vergleichsweise mit andern Messern einer gleichen Produktionsauflage läßt sich mittels Stichproben leicht am Kurvenverlauf feststellen, ob die Schneideigenschaften bei allen Messern gleich sind oder Unterschiede aufweisen. Im Vergleich zu Messern anderer Herstellung läßt sich sagen: Dieses Messer ist schneidfähiger oder standfähiger als jenes. Für die Zwecke der täglichen Produktionskontrolle eines Klingenherstellers ist diese Art der Prüfung ausreichend.

Der wissenschaftlichen Betriebsführung oder der Forschung ist jedoch mit diesen Prüfungen noch nicht gedient. Sie braucht feste Kennwerte, und zu deren Erhalt eine Meßmethode.

Bei der Aufstellung und Verwendung von Schneidenkennwerten ist folgendes zu berücksichtigen:

Die Gestaltung der Schneideigenschaften einer Klinge ist von vielen Einflußfaktoren abhängig, von inneren und von äußeren. Äußere Einflußfaktoren sind: Schneidenform und -gestalt, Klingendicke, Keilwinkelgröße, Ausbildung der Wate (Kalottenschliff), Schartigkeit, Schnittkraft, Schnittgeschwindigkeit (Zügigkeit) und Anstellwinkel.

Innere Einflußfaktoren sind: Legierung, Härtung, Härte, Karbidzahl und -verteilung, Korngröße, Restaustenitgehalt.

Zur Prüfung von Klingen genügt es, die aufgenommenen Stumpfungskurven miteinander zu vergleichen. Mit einer Messung will man jedoch in der Regel erreichen, den Einfluß von Unterschieden innerhalb der einzelnen Einflußfaktoren zahlenmäßig kennenzulernen. Eine Messung ist also nur dann zweckvoll, wenn das Prüfergebnis einer Untersuchungsreihe, in der ein Faktor variiert wird, nicht durch ungewünschte Änderung anderer Faktoren verfälscht ist. Soll also irgendein Einflußfaktor im Reihenversuch in seiner Auswirkung auf die Schneideigenschaften untersucht werden, so ist unbedingt Sorge zu tragen, daß alle übrigen Einflußfaktoren gleichgehalten bleiben. Es darf bei konstanten Gesamtbedingungen nur ein Freiheitsgrad vorhanden sein.

Will man z.B. den Einfluß der Keilwinkelgröße messen, so müssen alle Versuchsklingen gleiche Form und gleiche Dicke haben, derselben Stahlcharge entstammen und gleicher Wärmebehandlung unterzogen sein.

Hat man den Bestwert eines Einflußfaktors ermittelt, so kann man unter strenger Einhaltung dieses soeben gewonnenen Wertes den nächsten Faktor variieren usf. Die Einhaltung dieser Vorschrift ist Voraussetzung dafür, daß man bei den Reihenuntersuchungen nicht zu Fehlschlüssen gelangt.

Allerdings kann unter gewissen Umständen auch die Kombination mehrerer Mittel- oder sogar Schlechtwerte in ihrer Paarung wieder zu Bestwerten führen. Diese Überlegung dürfte aber für den vorliegenden Fall nicht zutreffen.

Für die in dieser Arbeit durchgeführten Reihenuntersuchungen, die die Klärung des Einflusses der Härtetemperatur auf die Schneideigenschaften rostfreier Messer zum Ziel hatten, wurde daher eine Normklinge verwendet.

Als Normklinge wurde festgelegt:
Geschnittenes Gemüsemesser mit gerader Wate
Klingendicke an der nichtabgezogenen Wate: o,65 mm
Schneidendicke δ : o,75 mm
Klingendicke am Rücken: 1,4o mm
Geschnitten aus doppeltkonischem Bandstahl 36 mm breit
Stahlsorte: Rostfreier Messerstahl KW 4o aus einer Charge
Analyse: 13,75 % Cr, o,42 % C
Keilwinkel: 3o°.

Um den Keilwinkel in der vorbestimmten Größe verläßlich anschleifen zu können, wurde die Wichelhaus'sche Abziehmaschine in der erwähnten Weise umgebaut (s. S. 44). Zur Ausschaltung unwägbarer Einflüsse, die beim Gesenkschlagen infolge verschiedener Werkstücktemperaturen und unterschiedlicher Hammerschlagkraft in der Gefügeausbildung entstehen können, wurden keine geschlagenen Klingen verwendet, sondern geschnittene. Ferner wurden die Klingenflanken nicht geschliffen, um möglichst gleiche Dicke der Prüflinge zu erreichen. Überdies wurde auf diese Weise eine notwendig werdende Härtung vor den eigentlichen Versuchen vermieden, sowie eine evtl. Härteminderung, die durch das nachfolgende Ströpen und Pließten an der Oberfläche eintritt (zum Schleifen ungehärteter Klingen findet sich kein Solinger Schleifer bereit, da die weiche Klinge ihm den Stein "verschmiert").

Nach Anlieferung der aus einer Charge stammenden Versuchsklingen stellte sich folgendes heraus:
Trotzdem die Klingen aus einem Band geschnitten wurden, um Dickenunterschiede nach Möglichkeit auszuschließen, zeigten Messungen doch das Vorhandensein von Abweichungen, die offenbar durch unsachgemäße Bandführung beim machinellen Ausschneiden der Klingenrohlinge entstanden sind. Messungen an 5o Klingen ergaben einen arithmetischen Mittelwert von o,76 mm Dicke an der Schneide, mit Extremwerten von o,65 mm und o,87 mm. Nach

GAUSS beträgt der mittlere Fehler in der Einzelmessung der Schneidendicke δ :

$$\sigma = \pm 0{,}057 \text{ mm, d.i. } \pm 7{,}5 \%.$$

Um den Einfluß dieser innerhalb der vorhandenen Anzahl Versuchsklingen auftretenden Dickenabweichungen zu erfassen, wurden verschiedene Klingen von 1o2o° gleichartig gehärtet und mit gleichem Keilwinkel abgezogen. Die Klingen wurden auf ihre Anfangsschneidfähigkeit geprüft und die Ergebnisse geordnet. Es ergab sich, daß der Dickeneinfluß nach Abbildung 66 gesetzmäßig erfaßbar ist. Dicken- und Schneidfähigkeitsunterschiede verhalten sich proportional, und zwar beträgt die Abweichung der Schneidfähigkeit den halben Wert der Dickenabweichung, in Prozenten ausgedrückt. Also erfordert beispielsweise eine Dickenabweichung von 1o % von der Dicke der Normalklinge eine Berichtigung des Schneidfähigkeit-Kennwertes um 5 %.

Nachdem die äußeren Einflußfaktoren (Keilwinkel, Klingendicke, Form der Wate, äußerer Schartigkeitsanteil (durch Festlegung der Schleifkorngröße)) festgelegt waren, konnte eine unverfälschte Untersuchung der inneren Faktoren (Gefüge und Härte) erwartet werden und ihre Auswertung durch Meßgrößen vorgenommen werden.

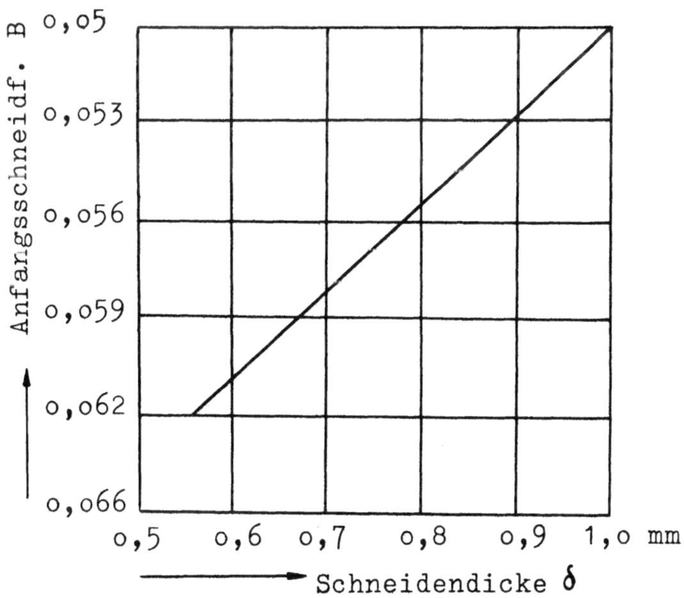

A b b i l d u n g 66

Abhängigkeit der Schneidfähigkeit von der Klingendicke

Aufgenommen an Klingen gleicher Härtetemperatur und gleichen Keilwinkels von verschiedener Dicke

3. Einführung von Schneiden-Kennwerten

Das mathematische Gesetz, nach dem sich die Schnittkraft P_V ändert, wurde als Funktion der Form $P = a\ (U - 1)^2 + b$ ermittelt (28).

Da sich die Horizontalkraft P_H im Verlaufe der Abstumpfung nur unwesentlich ändert (Abb. 36, 37 und 43), braucht sie zur Auswertung nicht herangezogen zu werden.

Unterschiede im Schneidverhalten der Klingen können sich in abweichender Anfangsschneidfähigkeit und verschiedenartiger Standfähigkeit einer Klinge äußern. Beide Kennwerte lassen sich aus den Abbildungen der originalen und der verstreckten Kurven in einfacher Weise entnehmen: Aus der Größe der im Kurvenanfang auftretenden kleinsten Schnittkraft und aus der Neigung der Geraden.

Wir benutzten ein cartesisches Koordinatensystem. Die P-Achse (Ordinate) wird arithmetisch geteilt, die U-Achse erhält eine quadratische Teilung der Form $x = \sqrt{U}$, mit "1" beginnend (unterdrückter Nullpunkt). Der Maßstab der beiden Achsen ist dabei ohne Bedeutung. Die Gleichung der verstreckten Kurve ist in diesem Maßstabsystem die Gleichung der Geraden

$$P = a \cdot (U - 1) + b$$

Dabei ist $a = \operatorname{tg} \alpha$ die Neigung der Geraden und b der Abschnitt auf der P-Achse.

Bei der Einzeichnung der Geraden ist im Verfolg des früher gesagten darauf zu achten, daß die Erstwerte in den meisten Fällen stark abweichen, sie liegen höher oder tiefer. Die Gerade kann erst nach einer gewissen Umdrehungszahl durch die Punkte gelegt werden, die sich tatsächlich in gerader Richtung (von kleinen Streuungen abgesehen) abzeichnen, durchschnittlich nach 2o., spätestens ab der 5o. Umdrehung.

Die Schneidenkennung kann nun durch zwei leicht bestimmbare Werte ausgedrückt werden: $A = \frac{1}{a}$ und $B = \frac{1}{b}$. A bezeichnet die Standfähigkeit der Schneide, und zwar wird der reziproke Wert $\frac{1}{a}$ genommen, um eine längere Standperiode, also eine größere Standfähigkeit (die der schwächeren Neigung entspricht) mit dem größeren Zahlenwert zu belegen. Zu beachten ist dabei lediglich, daß bei der Bestimmung von a die Wurzelteilung der Abszisse berücksichtigt wird.

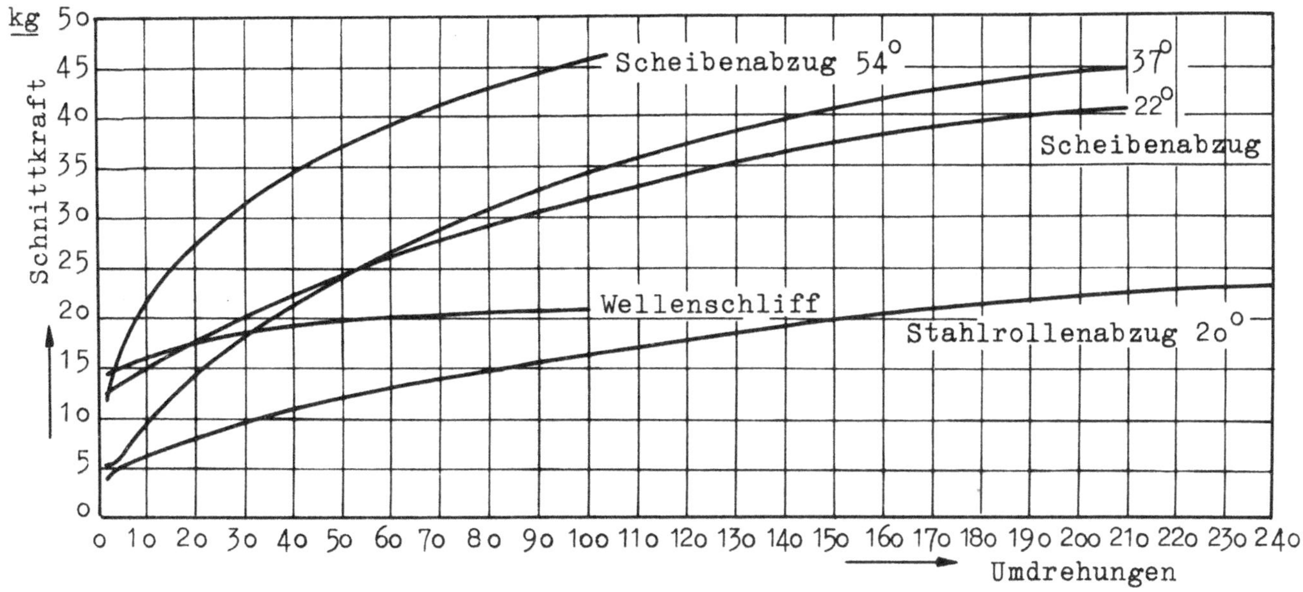

A b b i l d u n g 67

Stumpfungskurven bei verschiedenen Schneidenabzügen

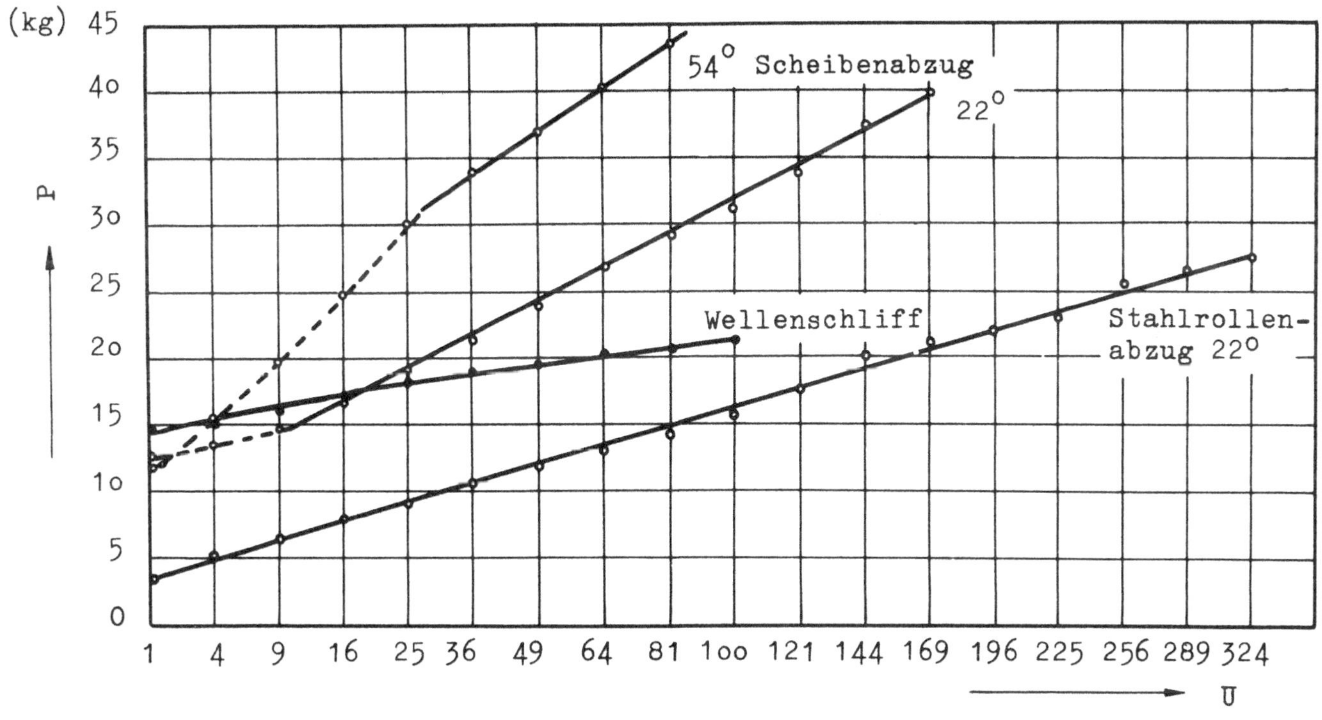

A b b i l d u n g 68

Streckung der Stumpfungskurven aus Abbildung 67 durch arithmetische Teilung der P-Achse und quadratische Teilung der U-Achse

(Beweis des Wurzelgesetzes)

Es ist $$a = tg\,\alpha = \frac{P_2 - P_1}{\sqrt{U_2} - \sqrt{U_1}}$$ z.B. für die untere Gerade in Abbildung 68 ist

$$a = tg\,\alpha = \frac{6{,}5 - 3{,}5}{\sqrt{9} - \sqrt{1}} = 1{,}5.$$

Die Zahl B, die den reziproken Zahlenwert der gemessenen kleinsten Schnittkraft darstellt, bezeichnet die Schneidfähigkeit der Klinge. Die kleinste Schnittkraft b tritt nicht immer beim ersten Schnitt auf (b_1), insbesondere bei hochgehärteten rostfreien Klingen stellt sie sich oft erst nach 5 - 8 Umdrehungen ein (28). Im Schneidenkennwert wird auch b reziprok angegeben, um entsprechend der Standfähigkeits-Kennzahl A auch hier die größere Schneidfähigkeit mit der größeren Kennzahl zu bewerten.

Der Schneiden-Kennwert SK setzt sich somit aus zwei Zahlen, A und B zusammen. Die Zuordnung der Zahlen könnte als Bruch oder als Folge geschehen, keinesfalls dürfen die Zahlen jedoch durch eine Rechenoperation zu einer zusammengezogen werden, denn wenn man beispielsweise einen Bruch in eine Dezimalzahl umwandeln wollte, könnte es geschehen, daß eine Klinge mit großer Schneidfähigkeit und hoher Standfähigkeit den gleichen Kennwert annimmt wie eine Klinge mit A- und B-Werten, die beide nur halb so groß sind. Beide Zahlen müssen also getrennt genannt werden, und zwar wird vorgeschlagen, den Schneiden-Kennwert auszudrücken als <u>SK = A / B</u> (nicht als Bruch zu lesen!)

Die drei Klingen, deren Kurven die Abbildungen 67 (parabolisch) und 68 (gestreckt) wiedergeben, besitzen also die Schneiden-Kennwerte:

1. Stahlrollen-Abzug $\beta = 22^\circ$: SK = o,67 / o,29
2. Scheiben -Abzug $\beta = 22^\circ$: SK = o,4 / o,o8
3. Scheiben -Abzug $\beta = 54^\circ$: SK = o,3 / o,o8
4. Wellenschliff (n. S. 74) : SK = 2,o / o,o7

Diese Bezeichnungsart hat drei Vorteile: Sie ist einfach zu bestimmen, leicht merkbar und sinnfällig insofern, als der höhere A-Wert die höhere Standfähigkeit, und der größere B-Wert die größere Schneidfähigkeit kennzeichnet.

VII. Zusammenfassung

Es wird ein Verfahren bekanntgegeben, das die zahlenmäßige Bestimmung der Schneideigenschaften von Messerklingen gestattet. Schneidfähigkeit und Standfähigkeit einer Klinge werden im Kurzzeit-Versuch ermittelt und mit Kennwerten belegt.

Das Meßgerät wird beschrieben und die Anwendung des Verfahrens anhand von Beispielen erläutert. Dabei wird der Einfluß der Keilwinkelgröße auf die Schneideigenschaften dahingehend festgestellt, daß Schneidfähigkeit und Standfähigkeit mit größer werdendem Keilwinkel abnehmen (Abb. 36, 67, 68). Die Klingendicke beeinflußt nur die Schneidfähigkeit, nicht die Standfähigkeit (Abb. 66).

Der eingeführte Schneidenkennwert S = A / B bezeichnet mit A = 1/a den reziproken Neigungsfaktor der Stumpfungskurve, das ist die Standfähigkeit der Klinge, und mit B = 1/b den reziproken Wert der geringsten, während der Messung auftretenden Schnittkraft. Größere A- und B-Werte bedeuten also bessere Schneideigenschaften. Gegenüber einem älteren Verfahren (Hubzählmethode) verkürzt das neue Schneiden-Prüfverfahren die Prüfungsdauer auf ca. 5 %!

Andere Prüfverfahren werden besprochen und beurteilt. Es werden Definitionen aller mit Klingen zusammenhängenden Begriffe gegeben und werkstoffkundliche Zusammenhänge der Klingeneigenschaften aufgezeigt, deren Beachtung bei der Herstellung zu Bestwerten führen müssen. Eine systematische Übersicht aller Messerarten, nach eindeutigen Unterscheidungsmerkmalen geordnet, bringt Klarheit in ein Gebiet, das forschungsmäßig vernachlässigt wurde und legt den technischen Standort dieser Werkzeuggruppe fest.

Untersuchungen der Klingenschartigkeit führten zu dem Ergebnis, daß zwischen der Schartigkeit einer Schneide und den Schneideigenschaften Proportionalität besteht.

Schließlich werden zwei Verfahren zerstörungsfreier Keilwinkelmessung und ein Verfahren zur Ermittlung der Sehne a der mittleren Schneidenabrundung von Werkzeugschneiden bekanntgegeben.

Direktor Dipl.-Ing. H. STÜDEMANN, Solingen
Dr.-Ing. W. MÜCHLER, Solingen

VIII. Literaturverzeichnis

(1) VOOS, K. — Das Schleifen, Pließten und Polieren in der Solinger Stahlwarenindustrie. Dissertation TH Dresden 1937

(2) HENDRICHS, F. — Die Solinger Schwert- und Messerzünfte im 17. und 18. Jahrhundert. Zeitschrift Ver.f.Technik und Industrie, Solingen 1932, Heft 1 und 3

(3) KOLBERG, C. — Beitrag zur Prüfung der Schneideigenschaften von Messerklingen aus Kohlenstoffstahl und rostfreiem Stahl. Dissertation TH Aachen 1933

(4) BENEDICKS und SUNDBERG — Die elektrochemischen Potentiale von Kohlenstoff- und Chromstählen. Stahl und Eisen 1927

(5) RAETHER, H. — Metalloberfläche 6 (1952) 8 (A 113)

(6) TÖDT, F. — Metalloberfläche 6 (1952) 8 (A 125)

(7) TAMMANN, G. — Die spontane Passivität der Chromstähle. Stahl und Eisen 1922 I S. 577

(8) EISENSTECKEN, F. und H. ROTHERS — Erkenntnisse über das Rosten und den Rostschutz von Eisen und Stahl. Stahl und Eisen 1943 S. 481

(9) HENDRICHS, F. — Über ein Verfahren zur Prüfung der Schneidfähigkeit von Messerklingen. Zeitschr. Ver.f.T. und Industrie, Solingen 1929 / 1

(1o) RAPATZ, F. — Schleifhaut und Schneidhaltigkeit der geschliffenen Teile. Stahl und Eisen 57 (1937) I S. 25o ff.

(11) HOUDREMONT, E. — Einführung in die Sonderstahlkunde. Springer, Berlin 1935

(12) HEIKE, R. — Untersuchung des Schneidvorgangs beim maschinellen Schneiden von Speck zu Würfeln beliebiger Größe. Dissertation TH Berlin 1935

(13) BORCHERT, P. — Die Schärfe von Messern. Diplomarbeit am Inst. f. Werkzeugmaschinen, TH Braunschweig 1949

(14) PAHLITZSCH, G. Das Verhalten von Diamantschleifscheiben beim Schleifen von Hartmetallen, insbesondere Hartmetallschneiden. Schleif- und Poliertechnik 1941 / 3

(15) HONDA-TAKAHASI On the Quantitative Measurement of the Cutting Power of Cutlery. Journal of the Iron & Steel Inst. 116 (1927) und Stahl & Eisen 48 (1928) Seite 1o9

(16) KNAPP, W. Über Schneidfähigkeit und Schneidhaltigkeit von Messerklingen. Zeitschr.V.f.T.u.Ind. Solingen 1928

(17) HOFMANN, W. und O. SCHMITZ Metallkunde, Wolfenbütteler Verl. Anst. 1948

(17) SCHÄFER, R. Rostfreie Stähle, Springer, Berlin

(18) THUNBERG Acrimetrie. Zeitschr. f. Feinmechanik 1922, Heft 2o

(2o) PERTHEN, J. Prüfen und Messen der Oberflächengestalt. Hanser-Verlag, München 1949

(21) SCHMALTZ, G. Techn. Oberflächenkunde. Springer, Berlin 1936

(22) KUNTZE, W. Kohäsionsfestigkeit, Mitt.d.Mat. Prüf.-Anst. Berlin, Sonderheft 2o, 1932

(23) KRESS, K. Beurteilung feinstbearbeiteter Oberflächen. Schleif- und Poliertechnik 1941/42

(24) HEISS, A. Schartigkeit von Werkzeugschneiden. Theorie und Messung derselben mittels Saphir-Meßschneide. Werkstattechn. und Maschinenbau 1951, Heft 6

(25) DAWIHL, W. Über das Schleifen von Hartmetallwerkzeugen mit Siliziumkarbidscheiben und das Messen der Schneidengüte. Schleif- und Poliertechnik 194o

(26) PFLIER, O.W. Elektrische Messung mechanischer Größen. Springer, Berlin

(27) KUNTZE, E. Die Tieftemperaturbehandlung von Stählen. Stahl und Eisen 6, 195o

(28) MÜCHLER, W. Untersuchung und zahlenmäßige Bestimmung der Schneideigenschaften von Messern mit besonderer Berücksichtigung rostfreier Messerstähle. Dissertation TH Braunschweig 1954

(29) STROPPEL, Th. Was weiß man heute vom Schneiden? Schriften des RKTL 91, 1939, Beuth-Verlag

FORSCHUNGSBERICHTE
DES WIRTSCHAFTS- UND VERKEHRSMINISTERIUMS
NORDRHEIN-WESTFALEN

Herausgegeben von Staatssekretär Prof. Leo Brandt

Heft 1:
Prof. Dr.-Ing. E. Flegler, Aachen
Untersuchungen oxydischer Ferromagnet-Werkstoffe

Heft 2:
Prof. Dr. W. Fuchs, Aachen
Untersuchungen über absatzfreie Teeröle

Heft 3:
Techn.-Wissenschaftl. Büro für die Bastfaserindustrie, Bielefeld
Untersuchungsarbeiten zur Verbesserung des Leinenwebstuhls

Heft 4:
Prof. Dr. E. A. Müller und Dipl.-Ing. H. Spitzer, Dortmund
Untersuchungen über die Hitzebelastung in Hüttebetrieben

Heft 5:
Dipl.-Ing. W. Fister, Aachen
Prüfstand der Turbinenuntersuchungen

Heft 6:
Prof. Dr. W. Fuchs, Aachen
Untersuchungen über die Zusammensetzung und Verwendbarkeit von Schwelteerfraktionen

Heft 7:
Prof. Dr. W. Fuchs, Aachen
Untersuchungen uber emsländisches Petrolatum

Heft 8:
M. E. Meffert und H. Stratmann, Essen
Algen-Großkulturen im Sommer 1951

Heft 9:
Techn.-Wissenschaftl. Büro für die Bastfaserindustrie, Bielefeld
Untersuchungen über die zweckmäßige Wicklungsart von Leinengarnkreuzspulen unter Berücksichtigung der Anwendung hoher Geschwindigkeiten des Garnes
Vorversuche für Zetteln und Schären von Leinengarnen auf Hochleistungsmaschinen

Heft 10:
Prof. Dr. W. Vogel, Köln
„Das Streifenpaar" als neues System zur mechanischen Vergrößerung kleiner Verschiebungen und seine technischen Anwendungsmöglichkeiten

Heft 11:
Laboratorium für Werkzeugmaschinen und Betriebslehre, Technische Hochschule Aachen
1. Untersuchungen über Metallbearbeitung im Fräsvorgang mit Hartmetallwerkzeugen und negativem Spanwinkel
2. Weiterentwicklung des Schleifverfahrens für die Herstellung von Präzisionswerkstücken unter Vermeidung hoher Temperaturen
3. Untersuchung von Oberflächenveredlungsverfahren zur Steigerung der Belastbarkeit hochbeanspruchter Bauteile

Heft 12:
Elektrowärme-Institut, Langenberg (Rhld.)
Induktive Erwärmung mit Netzfrequenz

Heft 13:
Techn.-Wissenschaftl. Büro für die Bastfaserindustrie, Bielefeld
Das Naßspinnen von Bastfasergarnen mit chemischen Zusätzen zum Spinnbad

Heft 14:
Forschungsstelle für Acetylen, Dortmund
Untersuchungen über Aceton als Lösungsmittel für Acetylen

Heft 15:
Wäschereiforschung Krefeld
Trocknen von Wäschestoffen

Heft 16:
Max-Planck-Institut für Kohlenforschung, Mülheim a. d. Ruhr
Arbeiten des MPI für Kohlenforschung

Heft 17:
Ingenieurbüro Herbert Stein, M. Gladbach
Untersuchung der Verzugsvorgänge in den Streckwerken verschiedener Spinnereimaschinen. 1. Bericht: Vergleichende Prüfung mit verschiedenen Dickenmeßgeräten

Heft 18:
Wäschereiforschung Krefeld
Grundlagen zur Erfassung der chemischen Schädigung beim Waschen

Heft 19:
Techn.-Wissenschaftl. Büro für die Bastfaserindustrie, Bielefeld
Die Auswirkung des Schlichtens von Leinengarnketten auf den Verarbeitungswirkungsgrad, sowie die Festigkeit und Dehnungsverhältnisse der Garne und Gewebe

Heft 20:
Techn.-Wissenschaftl. Büro für die Bastfaserindustrie, Bielefeld
Trocknung von Leinengarnen I
Vorgang und Einwirkung auf die Garnqualität

Heft 21:
Techn.-Wissenschaftl. Büro für die Bastfaserindustrie, Bielefeld
Trocknung von Leinengarnen II
Spulenanordnung und Luftführung beim Trocknen von Kreuzspulen

Heft 22:
Techn.-Wissenschaftl. Büro für die Bastfaserindustrie, Bielefeld
Die Reparaturanfälligkeit von Webstühlen

Heft 23:
Institut für Starkstromtechnik, Aachen
Rechnerische und experimentelle Untersuchungen zur Kenntnis der Metadyne als Umformer von konstanter Spannung auf konstanten Strom

Heft 24:
Institut für Starkstromtechnik, Aachen
Vergleich verschiedener Generator-Metadyne-Schaltungen in bezug auf statisches Verhalten

Heft 25:
Gesellschaft für Kohlentechnik mbH., Dortmund-Eving
Struktur der Steinkohlen und Steinkohlen-Kokse

Heft 26:
Techn.-Wissenschaftl. Büro für die Bastfaserindustrie, Bielefeld
Vergleichende Untersuchungen zweier neuzeitlicher Ungleichmäßigkeitsprüfer für Bänder und Garne hinsichtlich ihrer Eignung für die Bastfaserspinnerei

Heft 27:
Prof. Dr. E. Schratz, Münster
Untersuchungen zur Rentabilität des Arzneipflanzenanbaues Römische Kamille, Anthemis nobilis L.

Heft 28:
Prof. Dr. E. Schratz, Münster
Calendula officinalis L. Studien zur Ernährung, Blütenfüllung und Rentabilität der Drogengewinnung

Heft 29:
Techn.-Wissenschaftl. Büro für die Bastfaserindustrie, Bielefeld
Die Ausnützung der Leinengarne in Geweben

Heft 30:
Gesellschaft für Kohlentechnik mbH., Dortmung-Eving
Kombinierte Entaschung und Verschwelung von Steinkohle; Aufarbeitung von Steinkohlenschlämmen zu verkokbarer oder verschwelbarer Kohle

Heft 31:
Dipl.-Ing. Störmann, Essen
Messung des Leistungsbedarfs von Doppelsteg-Kettenförderern

Heft 32:
Techn.-Wissenschaftl. Büro für die Bastfaserindustrie, Bielefeld
Der Einfluß der Natriumchloridbleiche auf Qualität und Verwebbarkeit von Leinengarnen und die Eigenschaften der Leinengewebe unter besonderer Berücksichtigung des Einsatzes von Schützen- und Spulenwechselautomaten in der Leinenweberei

Heft 33:
Kohlenstoffbiologische Forschungsstation e. V.
Eine Methode zur Bestimmung von Schwefeldioxyd und Schwefelwasserstoff in Rauchgasen und in der Atmosphäre

Heft 34:
Textilforschungsanstalt Krefeld
Quellungs- und Entquellungsvorgänge bei Faserstoffen

Heft 35:
Professor Dr. W. Kast, Krefeld
Feinstrukturuntersuchungen an künstlichen Zellulosefasern verschiedener Herstellungsverfahren

Heft 36:
Forschungsinstitut der feuerfesten Industrie, Bonn
Untersuchungen über die Trocknung von Rohton
Untersuchungen über die chemische Reinigung von Silika- und Schamotte-Rohstoffen mit chlorhaltigen Gasen

Heft 37:
Forschungsinstitut der feuerfesten Industrie, Bonn
Untersuchungen über den Einfluß der Probenvorbereitung auf die Kaltdruckfestigkeit feuerfester Steine

Heft 38:
Forschungsstelle für Acetylen, Dortmund
Untersuchungen über die Trocknung von Acetylen zur Herstellung von Dissousgas

Heft 39:
Forschungsgesellschaft Blechverarbeitung e. V., Düsseldorf
Untersuchungen an prägegemusterten und vorgelochten Blechen

Heft 40:
Landesgeologe Dr.-Ing. W. Wolff, Amt für Bodenforschung, Krefeld
Untersuchungen über die Anwendbarkeit geophysikalischer Verfahren zur Untersuchung von Spateisengängen im Siegerland

Heft 41:
Techn.-Wissenschaftl. Büro für die Bastfaserindustrie, Bielefeld
Untersuchungsarbeiten zur Verbesserung des Leinenwebstuhles II

Heft 42:
Professor Dr. B. Helferich, Bonn
Untersuchungen über Wirkstoffe — Fermente — in der Kartoffel und die Möglichkeit ihrer Verwendung

Heft 43:
Forschungsgesellschaft Blechverarbeitung e. V., Düsseldorf
Forschungsergebnisse über das Beizen von Blechen

Heft 44:
Arbeitsgemeinschaft für praktische Dehnungsmessung, Düsseldorf
Eigenschaften und Anwendungen von Dehnungsmeßstreifen

Heft 45:
Losenhausenwerk Düsseldorfer Maschinenbau AG., Düsseldort
Untersuchungen von störenden Einflüssen auf die Lastgrenzenanzeige von Dauerschwingprüfmaschinen

Heft 46:
Prof. Dr. W. Fuchs, Aachen
Untersuchungen über die Aufbereitung von Wasser für die Dampferzeugung in Benson-Kesseln

Heft 47:
Prof. Dr.-Ing. K. Krekeler, Aachen
Versuche über die Anwendung der induktiven Erwärmung zum Sintern von hochschmelzenden Metallen sowie zur Anlegierung und Vergütung von aufgespritzten Metallschichten mit dem Grundwerkstoff

Heft 48:
Max-Planck-Institut für Eisenforschung, Düsseldorf
Spektrochemische Analyse der Gefügebestandteile in Stählen nach ihrer Isolierung

Heft 49:
Max-Planck-Institut für Eisenforschung, Düsseldorf
Untersuchungen über Ablauf der Desoxydation und die Bildung von Einschlüssen in Stählen

Heft 50:
Max-Planck-Institut für Eisenforschung, Düsseldorf
Flammenspektralanalytische Untersuchung der Ferritzusammensetzung in Stählen

Heft 51:
Verein zur Förderung von Forschungs- und Entwicklungsarbeiten in der Werkzeugindustrie e. V., Remscheid
Untersuchungen an Kreissägeblättern für Holz,
Fehler- und Spannungsprüfverfahren

Heft 52:
Forschungsstelle für Azetylen, Dortmund
Untersuchungen über den Umsatz bei der explosiblen Zersetzung von Azetylen
a) Zersetzung von gasförmigem Azetylen,
b) Zersetzung von an Silikagel adsorbiertem Azetylen

Heft 53:
Professor Dr.-Ing. H. Opitz, Aachen
Reibwert- und Verschleißmessungen an Kunststoffgleitführungen für Werkzeugmaschinen

Heft 54:
Professor Dr.-Ing. F. A. F. Schmidt, Aachen
Schaffung von Grundlagen für die Erhöhung der spez. Leistung und Herabsetzung des spez. Brennstoffverbrauches bei Ottomotoren mit Teilbericht über Arbeiten an einem neuen Einspritzverfahren

Heft 55:
Forschungsgesellschaft Blechverarbeitung e.V., Düsseldorf
Chemisches Glänzen von Messing und Neusilber

Heft 56:
Forschungsgesellschaft Blechverarbeitung e. V., Düsseldorf
Untersuchungen über einige Probleme der Behandlung von Blechoberflächen

Heft 57:
Prof. Dr.-Ing. F. A. F. Schmidt, Aachen
Untersuchungen zur Erforschung des Einflusses des chemischen Aufbaues des Kraftstoffes auf sein Verhalten im Motor und in Brennkammern von Gasturbinen

Heft 58:
Gesellschaft für Kohlentechnik m. b. H., Dortmund
Herstellung und Untersuchung von Steinkohlenschwelteer

Heft 59:
Forschungsinstitut der Feuerfest-Industrie e.V., Bonn
Ein Schnellanalysenverfahren zur Bestimmung von Aluminiumoxyd, Eisenoxyd und Titanoxyd in feuerfestem Material mittels organischer Farbreagenzien auf photometrischem Wege
Untersuchungen des Alkali-Gehaltes feuerfester Stoffe mit dem Flammenphotometer nach Riehm-Lange

Heft 60:
Forschungsgesellschaft Blechverarbeitung e. V., Düsseldorf
Untersuchungen über das Spritzlackieren im elektrostatischen Hochspannungsfeld

Heft 61:
Verein zur Förderung von Forschungs- und Entwicklungsarbeiten in der Werkzeugindustrie e. V., Remscheid
Schwingungs- und Arbeitsverhalten von Kreissägeblättern für Holz

Heft 62:
Professor Dr. W. Franz, Institut für theoretische Physik der Universität Münster
Berechnung des elektrischen Durchschlags durch feste und flüssige Isolatoren

Heft 63:
Textilforschungsanstalt Krefeld
Neue Methoden zur Untersuchung der Wirkungsweise von Textilhilfsmitteln
Untersuchungen über Schlichtungs- und Entschlichtungsvorgänge

Heft 64:
Textilforschungsanstalt Krefeld
Die Kettenlängenverteilung von hochpolymeren Faserstoffen
Über die fraktionierte Fällung von Polyamiden

Heft 65:
Fachverband Schneidwarenindustrie, Solingen
Untersuchungen über das elektrolytische Polieren von Tafelmesserklingen aus rostfreiem Stahl

Heft 66:
Dr.-Ing. P. Füsgen VDI †, Düsseldorf
Untersuchungen über das Auftreten des Ratterns bei selbsthemmenden Schneckengetrieben und seine Verhütung

Heft 67:
Heinrich Wösthoff o. H. G., Apparatebau, Bochum
Entwicklung einer chemisch-physikalischen Apparatur zur Bestimmung kleinster Kohlenoxyd-Konzentrationen

Heft 68:
Kohlenstoffbiologische Forschungsstation e. V., Essen
Algengroßkulturen im Sommer 1952
II. Über die unsterile Großkultur von Scenedesmus obliquus

Heft 69:
Wäschereiforschung Krefeld
Bestimmung des Faserabbaues bei Leinen unter besonderer Berücksichtigung der Leinengarnbleiche

Heft 70:
Wäschereiforschung Krefeld
Trocknen von Wäschestoffen

Heft 71:
Prof. Dr.-Ing. K. Leist, Aachen
Kleingasturbinen, insbesondere zum Fahrzeugantrieb

Heft 72:
Prof. Dr.-Ing. K. Leist, Aachen
Beitrag zur Untersuchung von stehenden geraden Turbinengittern mit Hilfe von Druckverteilungsmessungen

Heft 73:
Prof. Dr.-Ing. K. Leist, Aachen
Spannungsoptische Untersuchungen von Turbinenschaufelfüßen

Heft 74:
Max-Planck-Institut für Eisenforschung, Düsseldorf
Versuche zur Klärung des Umwandlungsverhaltens eines sonderkarbidbildenden Chromstahls

Heft 75:
Max-Planck-Institut für Eisenforschung, Düsseldorf
Zeit-Temperatur-Umwandlungs-Schaubilder als Grundlage der Wärmebehandlung der Stähle

Heft 76:
Max-Planck-Institut für Arbeitsphysiologie, Dortmund
Arbeitstechnische und arbeitsphysiologische Rationalisierung von Mauersteinen

Heft 77:
Meteor Apparatebau Paul Schmeck G. m. b H., Siegen
Entwicklung von Leuchtstoffröhren hoher Leistung

Heft 78:
Forschungsstelle für Acetylen, Dortmund
Über die Zustandsgleichung des gasförmigen Acetylens und das Gleichgewicht Acetylen — Aceton

Heft 79:
Techn.-Wissenschaftl. Büro für die Bastfaserindustrie, Bielefeld
Trocknung von Leinengarnen III
Spinnspulen- und Spinnkopstrocknung
Vorgang und Einwirkung auf die Garnqualität

Heft 80:
Techn.-Wissenschaftl. Büro für die Bastfaserindustrie, Bielefeld
Die Verarbeitung von Leinengarn auf Webstühlen mit und ohne Oberbau

Heft 81:
Prüf- und Forschungsinstitut für Ziegeleierzeugnisse, Essen-Kray
Die Einführung des großformatigen Einheits-Gitterziegels im Lande Nordrhein-Westfalen

Heft 82:
Vereinigte Aluminium-Werke AG., Bonn
Forschungsarbeiten auf dem Gebiet der Veredelung von Aluminium-Oberflächen

Heft 83:
Prof. Dr. S. Strugger, Münster
Über die Struktur der Proplastiden

Heft 84:
Dr. H. Baron, Düsseldorf
Über Standardisierung von Wundtextilien

Heft 85:
Textilforschungsanstalt Krefeld
Physikalische Untersuchungen an Fasern, Fäden, Garnen und Geweben:
Untersuchungen am Knickscheuergerät nach Weltzien

Heft 86:
Prof. Dr.-Ing. H. Opitz, Aachen
Untersuchungen über das Fräsen von Baustahl sowie über den Einfluß des Gefüges auf die Zerspanbarkeit

Heft 87:
Gemeinschaftsausschuß Verzinken, Düsseldorf
Untersuchungen über Güte von Verzinkungen

Heft 88:
Gesellschaft für Kohlentechnik mbH., Dortmund-Eving
Oxydation von Steinkohle mit Salpetersäure

Heft 89:
Verein Deutscher Ingenieure, Gleitlagerforschung, Düsseldorf und Prof. Dr.-Ing. G. Vogelpohl, Göttingen
Versuche mit Preßstoff-Lagern für Walzwerke

Heft 90:
Forschungs-Institut der Feuerfest-Industrie, Bonn
Das Verhalten von Silikasteinen im Siemens-Martin-Ofengewölbe

Heft 91:
Forschungs-Institut der Feuerfest-Industrie, Bonn
Untersuchungen des Zusammenhangs zwischen Leistung und Kohlenverbrauch von Kammeröfen zum Brennen von feuerfesten Materialien

Heft 92:
Techn.-Wissenschaftl. Büro für die Bastfaserindustrie, Bielefeld und Laboratorium für textile Meßtechnik, M.-Gladbach
Messungen von Vorgängen am Webstuhl

Heft 93:
Prof. Dr. W. Kast, Krefeld
Spinnversuche zur Strukturerfassung künstlicher Zellulosefasern

Heft 94:
Prof. Dr. G. Winter, Bonn
Die Heilpflanzen des MATTHIOLUS (1611) gegen Infektionen der Harnwege und Verunreinigung der Wunden bzw. zur Förderung der Wundheilung im Lichte der Antibiotikaforschung

Heft 95:
Prof. Dr. G. Winter, Bonn
Untersuchungen über die flüchtigen Antibiotika aus der Kapuziner- (Tropaeolum maius) und Gartenkresse (Lepidium sativum) und ihr Verhalten im menschlichen Körper bei Aufnahme von Kapuziner- bzw. Gartenkressensalat per os

Heft 96:
Dr.-Ing. P. Koch, Dortmund
Austritt von Exoelektronen aus Metalloberflächen unter Berücksichtigung der Verwendung des Effektes für die Materialprüfung

Heft 97:
Ing. H. Stein, Laboratorium für textile Meßtechnik, M.-Gladbach
Untersuchung der Verzugsvorgänge an den Streckwerken verschiedener Spinnereimaschinen
2. Bericht: Ermittlung der Haft-Gleiteigenschaften von Faserbändern und Vorgarnen

Heft 98:
Fachverband Gesenkschmieden, Hagen
Die Arbeitsgenauigkeit beim Gesenkschmieden unter Hämmern

Heft 99:
Prof. Dr.-Ing. G. Garbotz, Aachen
Der Kraft- und Arbeitsaufwand sowie die Leistungen beim Biegen von Bewehrungsstählen in Abhängigkeit von den Abmessungen, den Formen und der Güte der Stähle (Ermittlung von Leistungsrichtlinien)

Heft 100:
Prof. Dr.-Ing. H. Opitz, Aachen
Untersuchungen von elektrischen Antrieben, Steuerungen und Regelungen an Werkzeugmaschinen

Heft 101:
Prof. Dr.-Ing. H. Opitz, Aachen
Wirtschaftlichkeitsbetrachtungen beim Außenrundschleifen

Heft 102:
Dr. P. Hölemann, Ing. R. Hasselmann und Ing. G. Dix, Dortmund
Untersuchungen über die thermische Zündung von explosiblen Acetylenzersetzungen in Kapillaren

Heft 103:
Prof. Dr. W. Weizel, Bonn
Durchführung von experimentellen Untersuchungen über den zeitlichen Ablauf von Funken in komprimierten Edelgasen sowie zu deren mathematischen Berechnung

Heft 104:
Prof. Dr. W. Weizel, Bonn
Über den Einfluß der Elektroden auf die Eigenschaften von Cadmium-Sulfid-Widerstands-Photozellen

Heft 105:
Dr.-Ing. R. Meldau, Harsewinkel Westf.
Auswertung von Gekörn — Analysen des Musterstaubes „Flugasche Fortuna I"

Heft 106:
ORR. Dr.-Ing. W. Küch, Dortmund
Untersuchungen über die Einwirkung von feuchtigkeitsgesättigter Luft auf die Festigkeit von Leimverbindungen

Heft 107:
Prof. Dr. H. Lange und Dipl.-Phys. P. St. Pütter, Köln
Über die Konstruktion von Laboratoriumsmagneten

Heft 108:
Prof. Dr. W. Fuchs, Aachen
Untersuchungen über neue Beizmethoden und Beizabwässer
I. Die Entzunderung von Drähten mit Natriumhydrid
II. Die Aufbereitung von Beizabwässern

Heft 109:
Dr. P. Hölemann und Ing. R. Hasselmann, Dortmund
Untersuchungen über die Löslichkeit von Azetylen in verschiedenen organischen Lösungsmitteln

Heft 110:
Dr. P. Hölemann und Ing. R. Hasselmann, Dortmund
Untersuchungen über den Druckverlauf bei der explosiblen Zersetzung von gasförmigem Azetylen

Heft 111:
Fachverband Steinzeugindustrie, Köln
Die Entwicklung eines Gerätes zur Beschickung seitlicher Feuer von Steinzeug-Einzelkammeröfen mit festen Brennstoffen

Heft 112:
Prof. Dr.-Ing. H. Opitz, Aachen
Verschleißmessungen beim Drehen mit aktivierten Hartmetallwerkzeugen

Heft 113:
Prof. Dr. O. Graf, Dortmund
Erforschung der geistigen Ermüdung und nervösen Belastung: Studien über die vegetative 24-Stunden-Rhythmik in Ruhe und unter Belastung

Heft 114:
Prof. Dr. O. Graf, Dortmund
Studien über Fließarbeitsprobleme an einer praxisnahen Experimentieranlage

Heft 115:
Prof. Dr. O. Graf, Dortmund
Studium über Arbeitspausen in Betrieben bei freier und zeitgebundener Arbeit (Fließarbeit) und ihre Auswirkung auf die Leistungsfähigkeit

Heft 116:
Prof. Dr.-Ing. E. Siebel und Dr.-Ing. H. Weiss, Stuttgart
Untersuchungen an einigen Problemen des Tiefziehens — I. Teil

Heft 117:
Dr.-Ing. H. Beißwänger, Stuttgart, und Dr.-Ing. S. Schwandt, Trier
Untersuchungen an einigen Problemen des Tiefziehens — II. Teil

Heft 118:
Prof. Dr. E. A. Müller und Dr. H. G. Wenzel, Dortmund
Neuartige Klima-Anlage zur Erzeugung ungleicher Luft- und Strahlungstemperaturen in einem Versuchsraum

Heft 119:
Dr.-Ing. O. Viertel, Krefeld
Wäscherei- und energietechnische Untersuchung einer Gemeinschafts-Waschanlage

Heft 120:
Dipl.-Ing. Weisbecker, Lüdenscheid
Über Anfressung an Reinstaluminium-Schweißnähten bei der elektrolytischen Oxydation
Gebr. Hörstermann GmbH., Velbert
Entwicklung und Erprobung eines neuartigen Gummibandförderers

Heft 121:
Dr. H. Krebs, Bonn
I. Die Struktur und die Eigenschaften der Halbmetalle
II. Die Bestimmung der Atomverteilung in amorphen Substanzen
III. Die chemische Bindung in anorganischen Festkörpern und das Entstehen metallischer Eigenschaften

Heft 122:
Prof. Dr. W. Fuchs, Aachen
Untersuchungen zur Verbesserung der Wasseraufbereitung und Wasseranalyse:
Über die Schnellbewertung von Ionenaustauscher

Heft 123:
Dipl.-Ing. J. Emondts, Aachen
Über Bodenverformungen bei stark gestörtem und mächtigem, wasserführendem Deckgebirge im Aachener Steinkohlengebiet

Heft 124:
Prof. Dr. R. Seÿffert, Köln
Wege und Kosten der Distribution der Hausratwaren im Lande Nordrhein-Westfalen

Heft 125:
Prof. Dr. E. Kappler, Münster
Eine neue Methode zur Bestimmung von Kondensations-Koeffizienten von Wasser

Heft 126:
Prof. Dr.-Ing. J. Mathieu, Aachen
Arbeitszeitvergleich
Grundlagen, Methodik und praktische Durchführung

Heft 127:
Güteschutz Betonstein e. V.,
Arbeitskreis Nordrhein-Westfalen, Dortmund
Die Betonwaren-Gütesicherung im Lande Nordrhein-Westfalen

Heft 128:
Prof. Dr. O. Schmitz-DuMont, Bonn
Untersuchungen über Reaktionen in flüssigem Ammoniak

Heft 129:
Prof. Dr.-Ing. J. Mathieu und Dr. C. A. Roos, Aachen
Die Anlernung von Industriearbeitern
I. Ergebnisse einer grundsätzlichen Untersuchung der gegenwärtigen Industriearbeiter-Kurzanlernung

Heft 130:
Prof.-Dr.-Ing. J. Mathieu und Dr. C. A. Roos, Aachen
Die Anlernung von Industriearbeitern
II. Beiträge zur Methodenfrage der Kurzanlernung

Heft 131:
Dr. W. Hoerburger, Köln
Versuche zur Biosynthese von Eiweiß aus Kohlenwasserstoff

Heft 132:
Prof. Dr. W. Seith, Münster
Über Diffusionserscheinungen in festen Metallen

Heft 133:
Prof. Dr. E. Jenckel, Aachen
Über einen für Schwermetalle selektiven Ionenaustauscher

Heft 134:
Prof. Dr.-Ing. H. Winterhager, Aachen
Über die elektrochemischen Grundlagen der Schmelzfluß-Elektrolyse von Bleisulfid in geschmolzenen Mischungen mit Bleichlorid

Heft 135:
Prof. Dr.-Ing. K. Krekeler und Dr.-Ing. H. Peukert, Aachen
Die Änderung der mechanischen Eigenschaften thermoplastischer Kunststoffe durch Warmrecken

Heft 136:
Dipl.-Phys. P. Pilz, Remscheid
Über spezielle Probleme der Zerkleinerungstechnik von Weichstoffen

Heft 137:
Prof. Dr. W. Baumeister, Münster
Beiträge zur Mineralstoffernährung der Pflanzen

Heft 138:
Dr. P. Hölemann und Ing. R. Hasselmann, Dortmund
Untersuchungen über die Zersetzungswärme von gasförmigem und in Azeton gelöstem Azetylen

Heft 139:
Prof. Dr. W. Fuchs, Aachen
Studien über die thermische Zersetzung der Kohle und die Kohlendestillatprodukte

Heft 140:
Dr.-Ing. G. Hausberg, Essen
Modellversuche an Zyklonen

Heft 141:
Dr. J. van Calker und Dr. R. Wienecke, Münster
Untersuchungen über den Einfluß dritter Analysenpartner auf die spektrochemische Analyse

Heft 142:
Dipl.-Ing. G. M. F. Wiebel, Hannover, A. Konermann und **A. Ottenheym, Sennelager**
Entwicklung eines Kalksandleichtsteines

Heft 143:
Prof. Dr. F. Wever, Dr. A. Rose und Dipl.-Ing. W. Straßburg, Düsseldorf
Härtbarkeit und Umwandlungsverhalten der Stähle

Heft 144:
Prof. Dr. H. Wurmbach, Bonn
Steuerung von Wachstum und Formbildung

Heft 145:
Dr. G. Hennemann, Werdohl (Westf.)
Beitrag zur Interpretation der modernen Atomphysik

Heft 146:
Dr.-Ing. F. Gruß, Düsseldorf
Sterilisation mit Heißluft

Heft 147:
Dr.-Ing. W. Rudisch, Unna
Untersuchung einer drehelastischen Elektromagnet-Synchronkupplung

Heft 148:
Prof. Dr. H. Bittel und Dipl.-Phys. L. Storm, Münster
Untersuchungen über Widerstandsrauschen

Heft 149:
Dipl.-Ing. K. Konopicky und Dipl.-Chem. P. Kampa, Bonn
I. Beitrag zur flammenphotometrischen Bestimmung des Calciums
Dr.-Ing. K. Konopicky, Bonn
II. Die Wanderung von Schlackenbestandteilen in feuerfesten Baustoffen

Heft 150:
Prof. Dr.,Ing. O. Kienzle und Dipl.-Ing. W. Timmerbeil, Hannover
Das Durchziehen enger Kragen an ebenen Fein- und Mittelblechen

Heft 151:
Dipl.-Ing. P. Karabasch, Aachen
Feststellung des optimalen Gasgehaltes von Bronzen zur Erzielung druckdichter Gußstücke

Heft 152:
Dipl.-Ing. G. Müller, Köln
Ermittlung der Laufeigenschaften (Vergießbarkeit) von Bronze und Rotguß mittels der Schneider-Gießspirale

Heft 153:
Prof. Dr. F. Wever, Dr.-Ing. W. A. Fischer und
Dipl-Ing. J. Engelbrecht, Düsseldorf
I. Die Reduktion sauerstoffhaltiger Eisenschmelzen im Hochvakuum mit Wasserstoff und Kohlenstoff
II. Einfluß geringer Sauerstoffgehalte auf das Gefüge und Alterungsverhalten von Reineisen

Heft 154:
Prof. Dr.-Ing. P. Bardenheuer und Dr.-Ing. W. A. Fischer, Düsseldort
Die Verschlackung von Titan aus Stahlschmelzen im sauren und basischen Hochfrequenzofen unter verschiedenen Schlacken

Heft 155:
Dipl.-Phys. K. H. Schirmer, München
Die auf Grau abgestimmte Farbwiedergabe im Dreifarbenbuchdruck

Heft 156:
Prof. Dr.-Ing. B. von Borries und Mitarbeiter, Düsseldorf
Die Entwicklung regelbarer permanentmagnetischer Elektronenlinsen hoher Brechkraft und eines mit ihnen ausgerüsteten Elektronenmikroskopes neuer Bauart

Heft 157:
Dr. W. Jawtusch, Dr. G. Schuster und Prof. Dr.-Ing. R. Jaeckel, Bonn
Untersuchungen über die Stoßvorgänge zwischen neutralen Atomen und Molekülen

Heft 158:
Dipl.-Ing. W. Rosenkranz, Meinerzhagen
Ein Beitrag zum Problem der Spannungskorrosion bei Preßprofilen und Preßteilen aus Aluminium-Legierungen

Heft 159:
Dr.-Ing. O. Viertel und O. Oldenroth, Krefeld
Das Bleichen von Weißwäsche mit Wasserstoffsuperoxyd bzw. Natriumhypochlorit beim maschinellen Waschen

Heft 160:
Prof. Dr. W. Klemm, Münster
Über neue Sauerstoff- und Fluor-haltige Komplexe

Heft 161:
Prof. Dr. W. Weltzien und Dr. G. Hauschild, Krefeld
Über Silikone und ihre Anwendung in der Textilveredlung

Heft 162:
Prof. Dr. F. Wever, Prof. Dr. A. Knochendörfer und
Dr.-Ing. Chr. Rohrbach, Düsseldorf
Kennzeichnung der Sprödbruchneigung von Stählen durch Messung der Fließspannung, Reißspannung und Brucheinschnürung an dreiachsig beanspruchten Proben

Heft 163:
Dipl.-Ing. W. Rohs und Text.-Ing. H. Griese, Bielefeld
Untersuchungsarbeiten zur Verbesserung des Leinenwebstuhles III

Heft 164:
Dr.-Ing. H. Schmachtenberg, Köln
Neuartige Prüfeinrichtungen für Kraftfahrzeuge

Heft 165:
Dr.-Ing. W. Wilhelm, Aachen
Instationäre Gasströmung im Auspuffsystem eines Zweitaktmotors

Heft 166:
Prof. Dr. M. von Stackelberg, Dr. H. Heindze, Dr. H. Hübschke und Dr. K. H. Frangen, Bonn
Kolloidchemische Untersuchungen

Heft 167:
Prof. Dr.-Ing. F. Schuster, Essen
I. Über die Heißkarburierung von Brenngasen mit Ölen und Teeren
II. Die Strahlungsvorgänge in brennstoffbeheizten Öfen bei verschiedenen Verbrennungsatmosphären

Heft 168:
Prof. Dr.-Ing. F. Schuster, Essen
I. Luftvorwärmung an Gasfeuerungen
II. Heizwerthöhe von Brenngasen und Wirkungsgrad sowie Gasverbrauch bei der Gasverwendung
III. Sauerstoffangereicherte Luft und feuerungstechnische Kenngrößen von Brenngasen

Heft 169:
Forschungsinstitut für Pigmente und Lacke, Stuttgart
Arbeiten über die Bestimmung des Gebrauchswertes von Lackfilmen durch physikalische Prüfungen

Heft 170:
Prof. Dr. F. Wever, Dr. A. Rose und Dipl.-Ing. L. Rademacher, Düsseldorf
Anwendung der Umwandlungsschaubilder auf Fragen der Werkstoffauswahl beim Schweißen und Flammhärten

Heft 171:
Wäschereiforschung, Krefeld
Untersuchung der Wäscheentwässerung mit Hilfe von Zentrifugen und Pressen

Heft 172:
Dipl.-Ing. W. Rohs, Dr.-Ing. G. Satlow und Text.-Ing. G. Heller, Bielefeld
Trocknung von Hanfgarnen. Kreuzspultrocknung

Heft 173:
Prof. Dr. W. Kast, Krefeld, Prof. Dr. R. Hosemann und
Dipl.-Phys. G. Schoknecht, Berlin
Lichtoptische Herstellung und Diskussion der Faltungsquadrate parakristalliner Gitter

Heft 174:
Prof. Dr. W. von Fragstein, Dr. J. Meingast und H. Hoch, Köln
Herstellung von Solen einheitlicher Teilchengröße und Ermittlung ihrer optischen Eigenschaften

Heft 175:
Dr.-Ing. H. Zeller, Aachen
Beitrag zur eindimensionalen stationären und nichtstationären Gasströmung mit Reibung und Wärmeleitung insbesondere in Rohren mit unstetigen Querschnittsänderungen

Heft 176:
Dipl.-Ing. H. Schöberl, Duisburg
Über die Methoden zur Ermittlung der Verbrennungstemperatur von Brennstoffen und ein Vorschlag zu ihrer Verbesserung

Heft 177:
Dipl.-Ing. H. Stüdemann, Solingen, und Dr.-Ing. W. Müchler, Essen
Entwicklung eines Verfahrens zur zahlenmäßigen Bestimmung der Schneideigenschaften von Messerklingen

Heft 178:
Prof. Dr. M. von Stackelberg und Dr. W. Hans, Bonn
Untersuchungen zur Ausarbeitung und Verbesserung von polarographischen Analysenmethoden

Heft 179:
Dipl.-Ing. H. F. Reineke, Bochum
Entwicklungsarbeiten auf dem Gebiete der Meß- und Regeltechnik

Heft 180:
Dr.-Ing. W. Piepenburg, Dipl.-Ing. B. Bühling und Bauing. J. Behnke, Köln
Putzarbeiten im Hochbau und Versuche mit aktiviertem Mörtel und mechanischem Mörtelauftrag

Heft 181:
Prof. Dr. W. Franz, Münster
Theorie der elektrischen Leitvorgänge in Halbleitern und isolierenden Festkörpern bei hohen elektrischen Feldern

Heft 182:
Dr.-Ing. P. Schenk und Dr. K. Osterloh, Düsseldorf
Katalytisch-thermische Spaltung von gasförmigen und flüssigen Kohlenwasserstoffen zur Spitzengaserzeugung

Heft 183:
Dr. W. Bornheim, Köln
Entwicklungsarbeiten an Flaschen- und Ampullen-Behandlungsmaschinen für die pharmazeutische Industrie

Heft 184:
Dr.-Ing. E. Printz, Kettwig
Vollhydraulische Parallel-Kupplung für Ackerschlepper

Heft 185:
Dipl.-Ing. W. Rohs und Text.-Ing. G. Heller, Bielefeld
Studien an einem neuzeitlichen Kreuzspultrockner für Bastfasergarne mit Wiederbefeuchtungszone

Heft 186:
Dr. E. Wedekind, Krefeld
Untersuchungen zur Arbeitsbestgestaltung bei der Fertigstellung von Oberhemden in gewerblichen Wäschereien

Heft 187:
Dipl.-Ing. F. Göttgens, Essen
Über die Eigenarten der Bimetall-, Thermo- und Flammenionisationssicherungsmethode in ihrer Anwendung auf Zündsicherungen

Heft 188:
W. Kinnebrock, Langenberg
Der Einfluß des Austausches gleicher Gaskochbrenner bzw. Gaskochbrennerteile auf den Wirkungsgrad und insbesondere auf den CO-Gehalt der Verbrennungsgase

Heft 189:
Fa. E. Leybold's Nachfolger, Köln
I. Ausgewählte Kapitel aus der Vakuumtechnik
II. Zum Verlust anorganisch-nichtflüchtiger Substanzen während der Gefriertrocknung

Heft 190:
Prof. Dr. A. Neuhaus, Prof. Dr. O. Schmitz-DuMont und Dipl.-Chem. H. Reckhard, Bonn
Zur Kenntnis der Alkalititanate

Heft 191:
Dr.-Ing. H. Söhngen, Darmstadt
Schwingungsverhalten eines Schaufelkranzes im Vakuum

Heft 192:
Dipl.-Phys. E. M. Schneider, München
Kohlebogenlampen für Aufnahme und Kopie

Heft 193:
Prof. Dr. O. Schmitz-DuMont, Bonn
Untersuchungen über neue Pigmentfarbstoffe

Heft 194:
Dr. K. Hecht, Köln
Entwicklung neuartiger physikalischer Unterrichtsgeräte

Heft 195:
Dr.-Ing. E. Rößger, Köln
Gedanken über einen neuen deutschen Luftverkehr

Heft 196:
Dipl.-Ing. W. Rohs und Text.-Ing. H. Griese, Bielefeld
Auswirkungen von Garnfehlern bei der Verarbeitung von Leinengarnen

Heft 197:
Dr. E. Wedekind, Krefeld
Untersuchungen zur Bestimmung der optimalen Arbeitsplatzgröße bei Mehrstuhlarbeit in der Weberei

Heft 198:
Prof. Dr. J. Weissinger, Karlsruhe
Zur Aerodynamik des Ringflügels. Die Druckverteilung dünner, fast drehsymmetrischer Flügel in Unterschallströmung

VERÖFFENTLICHUNGEN DER ARBEITSGEMEINSCHAFT FÜR FORSCHUNG DES LANDES NORDRHEIN-WESTFALEN

Naturwissenschaften

Heft 1:
Prof. Dr.-Ing. F. Seewald, Aachen
Neue Entwicklungen auf dem Gebiet der Antriebsmaschinen
Prof. Dr.-Ing. F. A. F. Schmidt, Aachen
Technischer Stand und Zukunftsaussichten der Verbrennungsmaschinen, insbesondere der Gasturbinen
Dr.-Ing. R. Friedrich, Mülheim (Ruhr)
Möglichkeiten und Voraussetzungen der industriellen Verwertung der Gasturbine

Heft 2:
Prof. Dr.-Ing. W. Riezler, Bonn
Probleme der Kernphysik
Prof. Dr. Micheel, Münster
Isotope als Forschungsmittel in der Chemie und Biochemie

Heft 3:
Prof. Dr. E. Lehnartz, Münster
Der Chemismus der Muskelmaschine
Prof. Dr. G. Lehmann, Dortmund
Physiologische Forschung als Voraussetzung der Bestgestaltung der menschlichen Arbeit
Prof. Dr. H. Kraut, Dortmund
Ernährung und Leistungsfähigkeit

Heft 4:
Prof. Dr. F. Wever, Düsseldorf
Aufgaben der Eisenforschung
Prof. Dr.-Ing. H. Schenck, Aachen
Entwicklungslinien des deutschen Eisenhüttenwesens
Prof. Dr.-Ing. M. Haas, Aachen
Wirtschaftliche Bedeutung der Leichtmetalle und ihre Entwicklungsmöglichkeiten

Heft 5:
Prof. Dr. W. Kikuth, Düsseldorf
Virusforschung
Prof. Dr. R. Danneel, Bonn
Fortschritte der Krebsforschung
Prof. Dr. W. Schulemann, Bonn
Wirtschaftliche und organisatorische Gesichtspunkte für die Verbesserung unserer Hochschulforschung

Heft 6:
Prof. Dr. W. Weizel, Bonn
Die gegenwärtige Situation der Grundlagenforschung in der Physik
Prof. Dr. S. Strugger, Münster
Das Duplikantenproblem in der Biologie
Direktor Dr. F. Gummert, Essen
Überlegungen zu den Faktoren Raum und Zeit im biologischen Geschehen und Möglichkeiten einer Nutzanwendung

Heft 7:
Prof. Dr.-Ing. A. Götte, Aachen
Steinkohle als Rohstoff und Energiequelle
Prof. Dr. Dr. E. h. K. Ziegler, Mülheim/Ruhr
Über Arbeiten des Max-Planck-Institutes für Kohlenforschung

Heft 8:
Prof. Dr.-Ing. W. Fucks, Aachen
Die Naturwissenschaft, die Technik und der Mensch
Prof. Dr. W. Hoffmann, Münster
Wirtschaftliche und soziologische Probleme des technischen Fortschritts

Heft 9:
Prof. Dr.-Ing. F. Bollenrath, Aachen
Zur Entwicklung warmfester Werkstoffe
Prof. Dr. H. Kaiser, Dortmund
Stand spektralanalytischer Prüfverfahren und Folgerung für deutsche Verhältnisse

Heft 10:
Prof. Dr. H. Braun, Bonn
Möglichkeiten und Grenzen der Resistenzzüchtung
Prof. Dr.-Ing. C. H. Dencker, Bonn
Der Weg der Landwirtschaft von der Energieautarkie zur Fremdenergie

Heft 11:
Prof. Dr.-Ing. H. Opitz, Aachen
Entwicklungslinien der Fertigungstechnik in der Metallbearbeitung
Prof. Dr.-Ing. K. Krekeler, Aachen
Stand und Aussichten der schweißtechnischen Fertigungsverfahren

Heft 12:
Dr. H. Rathert, Wuppertal-Elberfeld
Entwicklung auf dem Gebiet der Chemiefaser-Herstellung
Prof. Dr. W. Weltzien, Krefeld
Rohstoff und Veredlung in der Textilwirtschaft

Heft 13:
Dr.-Ing. E. h. K. Herz, Frankfurt a. M.
Die technischen Entwicklungstendenzen im elektrischen Nachrichtenwesen
Staatssekretär Prof. L. Brandt, Düsseldorf
Navigation und Luftsicherung

Heft 14:
Prof. Dr. B. Helferich, Bonn
Stand der Enzymchemie und ihre Bedeutung
Prof. Dr. H. W. Knipping, Köln
Ausschnitt aus der klinischen Carcinomforschung am Beispiel des Lungenkrebses

Heft 15:
Prof. Dr. A. Esau, Aachen
Ortung mit elektrischen und Ultraschallwellen in Technik und Natur
Prof. Dr.-Ing. E. Flegler, Aachen
Die ferromagnetischen Werkstoffe der Elektrotechnik und ihre neueste Entwicklung

Heft 16:
Prof. Dr. R. Seyffert, Köln
Die Problematik der Distribution
Prof. Dr. Theodor Beste, Köln
Der Leistungslohn

Heft 17:
Prof. Dr.-Ing. Seewald, Aachen
Luftfahrtforschung in Deutschland und ihre Bedeutung für die allgemeine Technik
Prof. Dr.-Ing. E. Houdremont, Essen
Art und Organisation der Forschung in einem Industrieforschungsinstitut der Eisenindustrie

Heft 18:
Prof. Dr. W. Schulemann, Bonn
Theorie und Praxis pharmakologischer Forschung
Prof. Dr. W. Groth, Bonn
Technische Verfahren zur Isotopentrennung

Heft 19:
Dipl.-Ing. K. Traenckner, Essen
Entwicklungstendenzen der Gaserzeugung

Heft 20:
M. Zvegintzow, London
Wissenschaftliche Forschung und die Auswertung ihrer Ergebnisse
Ziel u. Tätigkeit der National Research Development Corporation
Dr. A. King, London
Wissenschaft und internationale Beziehungen

Heft 21:
Prof. Dr. R. Schwarz, Aachen
Wesen und Bedeutung der Silicium-Chemie
Prof. Dr. Dr. h. c. K. Alder, Köln
Fortschritte in der Synthese von Kohlenstoffverbindungen

Heft 21 a
Prof. Dr. Dr. h. c. O. Hahn, Göttingen
Die Bedeutung der Grundlagenforschung für die Wirtschaft
Prof. Dr. S. Strugger, Münster
Die Erforschung des Wasser- und Nährsalztransportes im Pflanzenkörper mit Hilfe der fluoreszenzmikroskopischen Kinematographie

Heft 22:
Prof. Dr. J. von Allesch, Göttingen
Die Bedeutung der Psychologie im öffentlichen Leben
Prof. Dr. O. Graf, Dortmund
Triebfedern menschlicher Leistung

Heft 23:
Prof. Dr. Dr. h. c. B. Kuske, Köln
Zur Problematik der wirtschaftswissenschaftlichen Raumforschung
Prof. Dr. Dr.-Ing. E. h. St. Prager, Düsseldorf
Städtebau und Landesplanung

Heft 24:
Prof. Dr. R. Danneel, Bonn
Über die Wirkungsweise der Erbfaktoren
Prof. Dr. K. Herzog, Krefeld
Bewegungsbedarf der menschlichen Gliedmaßengelenke bei der Berufsarbeit

Heft 25:
Prof. Dr. O. Haxel, Heidelberg
Energiegewinnung aus Kernprozessen
Dr.-Ing. Dr. M. Wolf, Düsseldorf
Gegenwartsprobleme der energiewirtschaftlichen Forschung

Heft 26:
Prof. Dr. F. Becker, Bonn
Ultrakurzwellenstrahlung aus dem Weltraum
Dr. H. Straßl, Bonn
Bemerkenswerte Doppelsterne und das Problem der Sternentwicklung

Heft 27:
Prof. Dr. H. Behnke, Münster
Der Strukturwandel der Mathematik in der ersten Hälfte des 20. Jahrhunderts
Prof. Dr. E. Sperner, Hamburg
Eine mathematische Analyse der Luftdruckverteilung in großen Gebieten

Heft 28:
Prof. Dr. O. Niemczyk, Aachen
Die Problematik gebirgsmechanischer Vorgänge im Steinkohlenbergbau
Prof. Dr. W. Ahrens, Krefeld
Die Bedeutung geologischer Forschung für die Wirtschaft besonders in Nordrhein-Westfalen

Heft 29:
Prof. Dr. B. Rensch, Münster
Das Problem der Residuen bei Lernleistungen
Prof. Dr. H. Fink, Köln
Über Leberschäden bei der Bestimmung des biologischen Wertes verschiedener Eiweiße von Mikroorganismen

Heft 30:
Prof. Dr.-Ing. F. Seewald, Aachen
Forschungen auf dem Gebiete der Aerodynamik
Prof. Dr.-Ing. K. Leist, Aachen
Forschungen in der Gasturbinentechnik

Heft 31:
Prof. Dr.-Ing. Dr. h. c. F. Mietzsch, Wuppertal
Chemie und wirtschaftliche Bedeutung der Sulfonamide
Prof. Dr. Dr. h. c. G. Domagk, Wuppertal
Die experimentellen Grundlagen der bakteriellen Infektionen

Heft 32:
Prof. Dr. H. Braun, Bonn
Die Verschleppung von Pflanzenkrankheiten und -schädlingen über die Welt
Prof. Dr. W. Rudorf, Voldagsen
Der Beitrag von Genetik und Züchtung zur Bekämpfung von Viruskrankheiten der Nutzpflanzen

Heft 33:
Prof. Dr.-Ing. V. Aschoff, Aachen
Probleme der elektroakustischen Einkanalübertragung
Prof. Dr.-Ing. H. Döring, Aachen
Erzeugung und Verstärkung von Mikrowellen

Heft 34:
Geheimrat Prof. Dr. Dr. R. Schenck, Aachen
Bedingungen und Gang der Kohlenhydratsynthese im Licht
Prof. Dr. E. Lehnartz, Münster
Die Endstufen des Stoffabbaues im Organismus

Heft 35:
Prof. Dr.-Ing. H. Schenck, Aachen
Gegenwartsprobleme der Eisenindustrie in Deutschland
Prof. Dr.-Ing. Piwowarsky †, Aachen
Gelöste und ungelöste Probleme im Gießereiwesen

Heft 36:
Prof. Dr. W. Riezler, Bonn
Teilchenbeschleuniger
Prof. Dr. G. Schubert, Hamburg
Anwendung neuer Strahlenquellen in der Krebstherapie

Heft 37:
Prof. Dr. F. Lotze, Münster
Probleme der Gebirgsbildung
Bergwerksdirektor Bergassessor a. D. Rauschenbach, Essen
Die Erhaltung der Förderungskapazität des Ruhrbergbaues auf lange Sicht

Heft 38:
Dr. E. C. Cherry, London
Kybernetik
Prof. Dr. E. Pietsch, Clausthal-Zellerfeld
Dokumentation und mechanisches Gedächtnis — zur Frage der Ökonomie der geistigen Arbeit

Heft 39:
Dr. H. Haase, Hamburg
Infrarot und seine technischen Anwendungen
Prof. Dr. A. Esau, Aachen
Die Bedeutung des Ultraschalls für technische Anwendungsgebiete

Heft 40:
Bergassessor F. Lange, Bochum-Hordel
Die wirtschaftliche und soziale Bedeutung der Silikose im Bergbau
Prof. Dr. W. Kikuth, Düsseldorf
Die Entstehung der Silikose und ihre Verhütungsmaßnahmen

Heft 40 a:
Prof. Dr. E. Gross, Bonn
Berufskrebs und Krebsforschung
Prof. Dr. H. W. Knipping, Köln
Die Situation der Krebsforschung vom Standpunkt der Klinik

Heft 41:
Dr.-Ing. G. V. Lachmann, Teddington
An einer neuen Entwicklungsschwelle im Flugzeugbau
Dr. A. Gerber, Zürich
Stand der Entwicklung der Raketen- und Lenktechnik

Heft 42:
Prof. Dr. T. Kraus, Köln
Lokalisationsphänomene und Raumordnung vom Standpunkt der geographischen Wissenschaft
Direktor Dr. F. Gummert, Essen
Vom Ernährungsversuchsfeld der Kohlenstoffbiologischen Forschungsstation Essen (Ein 6 Jahre lang durchgeführter Versuch, einen Menschen aus dem Ertrag von 1250 qm zu ernähren)

Heft 42 a:
Prof. Dr. Dr. h. c. G. Domagk, Wuppertal
Fortschritte auf dem Gebiet der experimentellen Krebsforschung

Heft 43:
Prof. G. Lampariello, Rom
Über Leben und Werk von Heinrich Hertz
Prof. Dr. W. Weizel, Bonn
Über das Problem der Kausalität in der Physik

Heft 43 a:
Prof. Dr. J. Mª Albareda, Madrid
Die Entwicklung der Forschung in Spanien

Heft 44:
Prof. Dr. B. Helferich, Bonn
Über Glykose
Prof. Dr. F. Micheel, Münster
Kohlenhydrat-Eiweiß-Verbindungen und ihre bio-chemische Bedeutung

Heft 45:
Prof. Dr. J. von Neumann, Princeton/USA
Entwicklung und Ausnutzung neuerer mathematischer Maschinen
Prof. Dr. E. Stiefel, Zürich
Rechenautomaten im Dienste der Technik mit Beispielen aus dem Züricher Institut für angewandte Mathematik

Heft 46:
Prof. Dr. W. Weltzien, Krefeld
Ausblick auf die Entwicklung synthetischer Fasern
Prof. Dr. W. Hoffmann, Münster
Wachstumsformen der Industriewirtschaft

Heft 47:
Staatssekretär Prof. L. Brandt, Düsseldorf
Die praktische Förderung der Forschung in Nordrhein-Westfalen
Prof. Dr. L. Raiser, Bad Godesberg
Die Förderung der angewandten Forschung durch die Deutsche Forschungsgemeinschaft

Heft 48:
Dr. H. Tromp, Rom
Bestandsaufnahme der Wälder der Welt als internationale und wissenschaftliche Aufgabe
Prof. Dr. F. Heske, Schloß Reinbek
Die Wohlfahrtswirkungen des Waldes als internationales Problem

Heft 49:
Präsident Dr. G. Böhnecke, Hamburg
Zeitfragen der Ozeanographie
Reg.-Direktor Dr. H. Gabler, Hamburg
Nautische Technik und Schiffssicherheit

Heft 50:
Prof. Dr.-Ing. F. A. F. Schmidt, Aachen
Probleme der Selbstentzündung und Verbrennung bei der Entwicklung der Hochleistungskraftmaschinen
Prof. Dr.-Ing. A. W. Quick, Aachen
Ein Verfahren zur Untersuchung des Austauschvorganges in verwirbelten Strömungen hinter Körpern mit abgelöster Strömung

Heft 51:
Prof. Dr. S. Strugger, Münster
Struktur, Entwicklungsgeschichte und Physiologie der Chloroplasten
Direktor Dr. J. Pätzold, Erlangen
Therapeutische Anwendung mechanischer und elektrischer Energie

VERÖFFENTLICHUNGEN DER ARBEITSGEMEINSCHAFT FÜR FORSCHUNG DES LANDES NORDRHEIN-WESTFALEN

Geisteswissenschaften

Heft 1:
Prof. Dr. W. Richter, Bonn
Die Bedeutung der Geisteswissenschaften für die Bildung unserer Zeit
Prof. Dr. J. Ritter, Münster
Die aristotelische Lehre vom Ursprung und Sinn der Theorie

Heft 2:
Prof. Dr. J. Kroll, Köln
Elysium
Prof. Dr. G. Jachmann, Köln
Die vierte Ekloge Vergils

Heft 3:
Prof. Dr. H. Stier, Münster
Die klassische Demokratie

Heft 4:
Prof. Dr. W. Caskel, Köln
Lihyan und Lihyanisch, Sprache und Kultur eines früharabischen Königreiches

Heft 5:
Prof. Dr. T. Ohm, Münster
Stammesreligionen im südlichen Tanganyika-Territorium

Heft 6:
Prälat Prof. Dr. Dr. h. c. G. Schreiber, Münster
Deutsche Wissenschaftspolitik von Bismarck bis zum Atomwissenschaftler Otto Hahn

Heft 7:
Prof. Dr. W. Holtzmann, Bonn
Das mittelalterliche Imperium und die werdenden Nationen

Heft 8:
Prof. Dr. W. Caskel, Köln
Die Bedeutung der Beduinen in der Geschichte der Araber

Heft 9:
Prälat Prof. Dr. Dr. h. c. G. Schreiber, Münster
Iroschottische Motive im abendländischen Sakralraum

Heft 10:
Prof. Dr. P. Rassow
Forschungen zur Reichsidee im 16. und 17. Jahrhundert

Heft 11:
Prof. Dr. H. E. Stier, Münster
Roms Aufstieg zur Weltherrschaft

Heft 12:
Prof. D. K. Rengstorf, Münster
Mann und Frau im Urchristentum
Prof. Dr. H. Conrad, Bonn
Grundprobleme einer Reform des Familienrechts

Heft 13:
Prof. Dr. M. Braubach, Bonn
Der Weg zum 20. Juli 1944 — Ein Forschungsbericht

Heft 14:
Prof. Dr. P. Hübinger, Münster
Das deutsch-französische Verhältnis und seine mittelalterlichen Grundlagen

Heft 15:
Prof. Dr. F. Steinbach, Bonn
Der geschichtliche Weg des wirtschaftenden Menschen in die soziale Freiheit und politische Verantwortung

Heft 16:
Prof. Dr. J. Koch, Köln
Die Ars coniecturalis des Nikolaus von Cues

Heft 17:
Prof. Dr. J. Conant, US-Hochkommissar für Deutschland
Staatsbürger und Wissenschaftler
Prof. D. K. H. Rengstorf, Münster
Antike und Christentum

Heft 18:
Prof. Dr. R. Alewyn, Köln
Klopstocks Publikum

Heft 19:
Prof. Dr. F. Schalk, Köln
Das Lächerliche in der französischen Literatur des Ancien Régime

Heft 20:
Prof. Dr. L. Raiser, Bad Godesberg
Rechtsfragen der Mitbestimmung

Heft 21:
Prof. D. M. Noth, Bonn
Das Geschichtsverständnis der alttestamentlichen Apokalyptik

Heft 22:
Prof. Dr. W. F. Schirmer, Bonn
Glück und Ende des Königs in Shakespeares Historien

Heft 23:
Prof. Dr. G. Jachmann, Köln
Der homerische Schiffskatalog und die Ilias

Heft 24:
Prof. Dr. T. Klauser, Bonn
Die römischen Petrustraditionen im Lichte der neuen Ausgrabungen unter der Peterskirche

Heft 25:
Prof. Dr. H. Peters, Köln
Die Gewaltentrennung in moderner Sicht

Heft 26:
Prof. Dr. F. Schalk, Köln
Calderon und die Mythologie

Heft 27:
Prof. Dr. J. Kroll, Köln
Vom Leben geflügelter Worte

Heft 28:
Prof. Dr. T. Ohm, Münster
Die Religionen in Asien

Heft 29:
Prof. Dr. L. Weisgerber, Bonn
Die Ordnung der Sprache im persönlichen und öffentlichen Leben

Heft 30:
Prof. Dr. W. Caskel, Köln
Entdeckungen in Arabien

Heft 31:
Prof. Dr. M. Braubach, Bonn
Entstehung und Entwicklung der landesgeschichtlichen Bestrebungen und historischen Vereine im Rheinland

Heft 32:
Prof. Dr. F. Schalk, Köln
Somnium und verwandte Wörter in den romanischen Sprachen

Heft 33:
Prof. Dr. F. Dessauer, Frankfurt a. M.
Erbe und Zukunft des Abendlandes

Heft 34:
Prof. Dr. T. Ohm, Münster
Ruhe und Frömmigkeit

Heft 35:
Prof. Dr. H. Conrad, Bonn
Die mittelalterliche Besiedlung des deutschen Ostens und das deutsche Recht

Heft 36:
Prof.Dr. H. Sckommodau, Köln
Die religiösen Dichtungen Margaretes von Navarra

Heft 37:
Prof. Dr. H. von Einem, Bonn
Der Kopf mit der Binde des Meisters von Naumburg

Heft 38:
Prof. Dr. J. Höffner, Münster
Statik und Dynamik in der scholastischen Wirtschaftsethik

Heft 39:
Prof. Dr. F. Schalk, Köln
Diderots Essai über Claudius und Nero

Heft 40:
Prof. Dr. G. Kegel, Köln
Probleme des internationalen Enteignungs- und Währungsrechts

Heft 41:
Prof. Dr. L. Weisgerber, Bonn
Die Grenzen der Schrift

Heft 42:
Prof. Dr. R. Alewyn, Köln
Von der Empfindsamkeit zur Romantik

Heft 43:
Prof. Dr. T. Schieder, Köln
Die Probleme des Rapallo-Vertrages 1922

Heft 44:
Prof. Dr. A. Rumpf, Köln
Stilphasen der spätantiken Kunst

GPSR Compliance

The European Union's (EU) General Product Safety Regulation (GPSR) is a set of rules that requires consumer products to be safe and our obligations to ensure this.

If you have any concerns about our products, you can contact us on ProductSafety@springernature.com

In case Publisher is established outside the EU, the EU authorized representative is:

Springer Nature Customer Service Center GmbH
Europaplatz 3
69115 Heidelberg, Germany

Batch number: 10585057

Printed by Printforce, the Netherlands